品成

阅读经典 品味成长

持续行动

Scalers 著

人民邮电出版社

北京

图书在版编目（CIP）数据

持续行动 / Scalers 著． -- 北京：人民邮电出版社，
2025． -- ISBN 978-7-115-66480-8

Ⅰ．B848.4-49

中国国家版本馆 CIP 数据核字第 2025WQ3544 号

◆ 著　　　　Scalers
　　责任编辑　孙　睿
　　责任印制　马振武

◆ 人民邮电出版社出版发行　　　北京市丰台区成寿寺路 11 号
　　邮编 100164　电子邮件 315@ptpress.com.cn
　　网址 https://www.ptpress.com.cn
　　文畅阁印刷有限公司印刷

◆ 开本：880×1230　1/32
　　印张：8.25　　　　　　　　2025 年 4 月第 1 版
　　字数：155 千字　　　　　　2025 年 4 月河北第 1 次印刷

定价：58.00 元

读者服务热线：（010）81055671　印装质量热线：（010）81055316
反盗版热线：（010）81055315

谨以此书献给我的妻子与孩子

持续开始，持续放弃

"这一次，我又没有坚持下来。"这是我近十年来做个人成长的相关工作时最常听到的一句话。

网络时代，资讯发达，信息过载。无论行情是好还是坏，总能看到社交媒体上的成功故事和逆袭榜样：赚钱了、升职了、买房了、公司上市了……

常在网上见到这样一句调侃的话："不怕兄弟能吃苦，就怕兄弟开路虎。"每个成功的逆袭案例，都是一次神经刺激。看看别人的成就，再对比自己平淡的生活，我们无限惆怅，在夜深人静时开始反思：自己是不是也得做点儿什么？

我们在手账本上写下梦想清单：买一套网络课程、办一张健身会员卡、付费加入学习社群、报名参加一场考试……我们对自己说："这次真的要改变了！"

任何改变之旅，最初几天一定是"行动蜜月期"，一切都是新的。我们处在部分舒适区，困难程度刚刚好，每天都能坚持，眼前也不乏希望。一个人偷着乐不够，当然要发朋友圈，告诉全世界："我背了新的单词、又写了一篇读书笔记、体脂率下降了……好开心！"

　　刚刚开始行动的人是最幸福的，一切都在计划之中，如果能一直保持在这个状态就好了。然而生活不是童话，成长进步也绝非过家家。即使是王子和公主，在过上幸福的生活之后，也要面对柴米油盐。

　　生活是故事的开始，故事是意外的集合。

想改变，没时间

　　对于一个追求上进的人来说，最大的痛苦莫过于想改变，却没时间。

　　普通人的时间并不完全属于自己。我们小时候忙着上学、做作业，长大了忙着上班，忙着照顾家庭，还要忙里偷闲玩手机。从早到晚，我们的时间被一件接一件的事情轮流占用。

　　忙碌会压抑一个人想改变的心。我们的念想暗暗出声，但物欲横流的环境太吵闹，我们很难听得见。我们太擅长用忙碌麻痹自己，把虚假的充实当成奋斗的证明，用从众和跟风代替担当和责任。而我们的直觉又告诉自己，这样好像不对劲。

　　等到工作节奏稍微放缓，内心被压抑的声音又被释放出来了。

我们再度开始思考人生，憧憬未来，想向榜样看齐，下定决心努力奋斗。这不一定是我们变得积极向上了，可能只是恰逢工作不忙。

难以实现的梦想清单

时代红利、行业风口、一夜暴富、月入十万、个人品牌、快速变现……这些"高能"词汇，在社交媒体上频频出现，撩动我们的欲望。

五星级酒店的入住视频、下午茶的精致甜点、说走就走的环球旅行、全国各地线下活动的照片、读完一本书的心得感悟、与成功人士的合影……朋友圈里展示的丰富生活，令人神往。

某一天，有人突然对你说："想要过上和我一样的生活吗？购买这门课吧，为知识付费吧，终身学习吧，你也会拥有这样的生活。"那一瞬间，你一咬牙、一跺脚，按下了支付密码的最后一位。

你想改变，于是花钱学习，给自己安排额外的任务，试图开启副业，来实现梦想清单。但这一切都只是在闲暇之时，只要工作忙起来，那些"雄心壮志"统统被抛到脑后。

有一天，领导说："现在行情不太好，年底冲业绩，大家辛苦一下，从今天开始一起加班。"深夜，你拖着疲惫的身躯回到家，想到梦想清单上还有任务要完成。此时此刻，"梦想"两个字显得特别刺眼。一瞬间的犹豫后，你对自己说："今天太累了，明早再说吧，我明天早点儿起来就行。"懒惰的闸门一旦打开，理由就会像洪水一样倾泻而出。

等到早上，6 个闹钟都没叫醒你。你卡点上班，心里还惦记着梦想清单。你撇撇嘴说："中午消灭欠下的任务。"然而，临近中午，会议迟迟没有结束。吃完午饭，你连饭盒都还没来得及收拾，下午的工作就要开始了。

你接到两项紧急工作，处理完的时候已经是傍晚。夕阳的余晖穿过写字楼的玻璃，从窗帘的缝隙中斜照在办公桌上的梦想清单上。你的任务一点儿也没"单"着，不仅昨天的没有完成，今天待完成的任务也在向你招手。你咬咬牙告诉自己："我可是有梦想的人，今天晚上回去就补上，做不到的人是小狗！"

你准备下班时，老同学突然打来电话，说他来你的城市出差，想见你一面，叙叙旧，你立马答应了。你挤在地铁上，穿越大半个城市，见到了老同学，老同学现在发展得还不错。你们叙了一个晚上的旧，终于结束了。

老同学帮你叫了辆"豪华车"送你回家，虽然想拒绝，但是想到地铁停运了，况且自己还没坐过"豪华车"，最终还是上了车。深夜，路宽车少，司机开得又快又稳。过了 0 点，就是新的一天，你的梦想清单上已经积压了三天未完成的任务。想到自己承诺的"做不到的人是小狗"，你自我安慰道："嗯，好吧，做一只快乐的小狗。"

每天都有意外情况发生，那清单上的梦想什么时候才能实现呢？

总有意外让行动无法持续

如果一个人在执行梦想清单时连续三天都宣告失败，那么基本上就处在放弃的边缘了。巨大的情绪在内心侵袭，就像海浪拍打着海面上的一叶扁舟。无法承受的情绪波动是放弃的重要原因。

人们不愿意接受自己是一个言而无信者，于是就会想办法平衡自我认知。有人会直接停止行动，安慰自己"你不适合这样的梦想"，下次重新开始。有人对未完成的任务视若无睹，告诉自己周末再补。但是周末更忙了，工作太累，家庭事务太多，还想补个觉，哪里有时间完成任务呢？

在日复一日疲于奔波的"充实"生活中，我们会渐渐忘掉梦想清单里的待办事项。"行动蜜月期"并未持续多久，记录了梦想清单的手账本依旧崭新，欠下的任务越积越多。想改变自己的憧憬已经模糊，成长的心田一片荒芜。

我们收拾行李，匆忙离开"行动蜜月期"的度假海滩。天还是那么蓝，平静的海面只有孤帆。阳光透过纱帘照到桌前的梦想清单，理想中的"成长世界"一片安静，仿佛没有我们的存在。我们回到了生活的"救火现场"，只留下一声叹息。

生活中总有意外，每天都有特殊情况。"每天只要做一点儿，日积月累就很多"的想法，逐渐就被搁置到一边了。每天学英语、每天锻炼、每天读书、每天写文章、每天给孩子讲故事……那么多的想法，都从我们最开始的信心爆棚，变成最后的不了了之。那么多的尝试，都无疾而终。从入门到放弃，很多人都没有持续很长的时间：有的人一两周"缴械"，有的人三五个月中断……

总有意外让行动无法持续，以至于我们甚至会忘记自己曾经有过梦想。

无法突破的"循环怪圈"

许多人在收获成长、取得进步的时候，都会遇到"循环怪圈"：开始时兴奋热切，在中间阶段遇到突发情况手忙脚乱，在抵达终点前放弃，在经过一段时间的沉沦后，情绪平复，又会回到起点重新开始。

世间最痛苦的事情不是放弃，而是放弃后又想重新开始。我们会遗忘这些放弃过的经历，对每一次新的开始都充满憧憬和希望，全然忘记曾经放弃时的挣扎。

把时间线拉长，我们就会发现，虽然我们每时每刻都在努力，但有时只是在原地打转而已。每一次，我们都充满激情地开始，焦虑地应对，手忙脚乱地维持努力的状态，最后不了了之地结束。

一个又一个周期，我们持续开始、持续放弃，完全没有注意到自己一直在一个"循环怪圈"中进行周期运动。随着时间的流逝，我们年岁渐长，却发现自己距离出发点并没多远，于是我们又陷入"年纪增长却一无所成"的普遍焦虑。

出现这个现象的重要原因就是，在过去很长的一段时间内，我们一直在"循环怪圈"内重复建设、拉低水平，在"持续开始—持续放弃"中反复挣扎，既没有占到时间的"便宜"，也没有实现成长复利。时间的流逝非但没有让我们越活越通透，反而让我们越活越困惑，越活越压抑。

我们买了那么多课，学了那么多理论知识，但是"听的时候万分投入，听了几次后难以坚持，放弃后因没有改变而痛苦，痛苦完下次行动时又继续兴奋"的现象仍然非常普遍。

这种"持续开始—持续放弃"的反复过程就像魔咒一样，牢牢地把一些想改变的人困在平庸之井中。

破解持续放弃的难题

越来越多的人认识到，买课只是一时冲动，而改变却是一个需要持续行动的过程。

为什么坚持那么难，以至于我们会下意识地否认坚持做一件事情的重要性？

为什么做一件事情总是容易半途而废，以至于我们只好选择遗忘自己曾经放弃过这件事情？

为什么事情总是无法持续下去，以至于我们好像一直都在忙，却毫无成就？

怎样才能打破"循环怪圈"，真正突破成长的限制？

当一个问题长期、持续地困扰我们却没有得到解决时，背后往往存在重大的认知盲区。比如，错误地评判了某件事情的重要性，错误地估计了某件事情的影响力……当我们的预估情况和真实情况出现重大的不一致时，我们往往会根据自己的预估情况采取行动，而外界却只会以真实情况为标准给我们反馈。这正是我们经历磨难的开始。

话题回到"循环怪圈"，如果我们总在反复地开始和放弃，那么是否就意味着这件事情的难度远远大于我们的设想？我们总想轻描淡写地开始，随随便便地搞定，然而"敌人"比我们强大很多。打没有准备的仗却毫不自知，是否才是我们屡战屡败的重要原因？

　　我们要检查自己的认知，看看自己的预估情况是不是和真实情况存在较大的出入。我们要面对真相，升级认知，实现与世界的"真相对齐"。

持续比想象中更难

　　持续行动的本质是要跨越时间周期，这不仅是个人成长的问题，也是全人类都在面对的问题。

　　持续行动，关乎个体能否长久做一件事，关乎家庭能否团结幸福，关乎事业能否不断发展，关乎企业能否在市场竞争中保持优势，关乎国家和民族能否在历史长河中保持活力……

　　我们在行动时往往会半途而废，因为我们并未真正从内心认识到"持续行动"这件事的强大力量。要想获得强大的力量，必然要付出对等的努力，克服更大的困难。

　　持续行动的难度非常大，但我们对难度的认知和评判应该来自自己的亲身体验与感悟，而非来自外界的说教，也不是来自他人的经验。在自我内心深处产生的认知难以动摇，而来自外界的说教犹如安装的假肢，总是不那么真实自然。这两种对于持续行动的不同认知，看上去很相似，但是完全不一样。我会在本书最后一章具体介绍持续行动到底难在何处。

长出自己的想法

17 世纪的法国哲学家帕斯卡尔在《思想录》中曾经说过："相比于别人发现的道理，人们通常对于自己发现的道理更加深信不疑。"

充分认识一件事情的重要性，必须从感官层面出发，在大脑里扎根。就像树枝发出新芽，这是生命的勃发，是内在能量的爆发。

我们经常会用"地大物博、幅员辽阔"描述我们的国家。我曾经对此没有太多直观感觉，直到我出了《刻意学习》《持续行动》两本书，在国内十几个城市举办了读者见面会，我才深刻地体会到"地大物博、幅员辽阔"的含义。

我看到了极致的景色，听到了各式的方言，品尝了不同口味的美食，这些所见、所闻、所思、所想叠加在一起，涌上心头，我不由得感慨——"地大物博、幅员辽阔"对我而言不再是轻飘飘的 8 个汉字，因为有了深刻的亲身体验，我才真正明白了它的分量。

我们对成长的认知，也需要从头脑里"生长"出来。只有真正从头脑里生长出来的想法，才算是"自己的想法"，才能成为自己的"第一反应"，才能指导我们在这个变化的世界中更好地生活。

要自由生长，不要被动灌输

在这个信息快速传播的时代，人们为了能让内容快速入脑，将复杂的原理简化成金句与案例。经过过度加工的"精修信息"，总是那么吸引人，让人情绪波动。这就造成某些"只要流量，不要真相"的情况，偏见总是比真相跑得更快，而真实的世界到底是什么样子呢？

世界错综复杂，不仅有美好，还有丑陋。如果我们对世界的认知被过度修饰的信息干扰，那么当我们按照错误的认知采取行动时，就会碰得一鼻子灰。"持续开始—持续放弃"的循环怪圈，就是一种个人认知和真实情况不一致的表现。

生活给我们挫折，本质上是在释放信号，要我们修正认知，与真理保持一致。我们要对过度"精修"的一切事物保持警惕。要多探究表面之下隐藏的真实世界。

当"精修"的事物带给我们愉悦的体验，听上去轻松有趣的知识让我们感觉大开眼界时，我们一定要问问自己：代价是什么？

你要精装房还是要毛坯房

现在买新房会遇到一些开发商交付精装房的情况，但是很多业主会选择拆除重装，而不是拎包入住。最主要的原因就是他们不信任开发商交付的房子，担心装修的过程中偷工减料，释放出的甲醛等有害气体超标，入住后影响家人身体健康。

我们经历的"持续开始—持续放弃"循环怪圈，很大程度上是因为"精装"过的观点给我们带来了潜移默化的影响。我们容易被一些迎合自己的观点吸引，长期沉浸其中，以至于无法认识真实的世界，应了那句"如入鲍鱼之肆，久而不闻其臭"。

对房子而言，拆除重装的好处在于可信可控，而这意味着要重回施工现场，施工现场灰尘多、噪声大，一点儿也不吸引人，但却足够真实可靠，为了有一个更安全靠谱的家，我们必须要经历这些。对于认知而言，亦是如此。

我们的大脑就是自己的房子。我们希望这座房子安全可靠，每一个细节自己都能掌控。

这本书解决什么问题

在这本书里，我尝试用一种新的角度，带你重新思考"N 阶持续行动"这个话题：当我们要从头开始持续地做一件事情，跨越时间周期时，会遇到什么样的问题？

把一件事情持续做 1 周（约 10^1 天），什么原因会让我们放弃？

把一件事情持续做 3 个月（约 10^2 天），我们要关注什么要点？

把一件事情持续做 3 年（约 10^3 天），我们会看到什么不同的风景？

把一件事情持续做 30 年（约 10^4 天），我们的人生会达到什么样的高度？

最后也是最重要的事情就是，我们到底要为了什么样的目标持续行动？

你无法把一件事情坚持做 1 周？那我先告诉你，把一件事情持续做 3 年，会是什么样子。之后你会发现，做 1 周的困难根本算不上什么。

你无法投入一件事情长达 3 个月？那我先告诉你，如果一件事情要做 30 年，会遇到什么问题，然后你会意识到，3 个月与 30 年相比，简直就是小菜一碟。

在面对成长的问题时，我们需要以更大的格局来引领我们的思考与认知。在这本书里，我会沿着时间的维度，带你进行一次认知升级探索。你会看到我关于持续行动的想法是如何生长出来并逐步推演与发展的。

当你面对困难深陷其中、百思不得其解时，不妨扩大你的视野，看看更大的、更真实的世界。

如何使用这本书

这本书可以成为你的行动指南，伴随你从想到直至做到。我按照不同的持续行动时间长度——10 天、100 天、1000 天和10000 天，将本书划分成不同章节，每一章重点讨论我们在该持续行动阶段的高效成事方法。

在引言部分，我针对每一个人在开始行动时面临的共性问题给出了解决思路：勇于面对真相，正确认识持续行动的难度，在头脑中形成自己的判断，再通过持续行动实现目标。

刚刚开始行动的时候，我们需要用正确的理念武装自己，快速破局。第一章"先行动，再思考"主要讨论的是从开始行动到持续行动 10 天左右的时候我们会遇到的问题。这一章重点帮助大家纠正"道理我都懂"的认知偏差，引入一些关于持续行动的基本原则，比如每天锁定 1 小时等。有了这些基本原则，我们更容易把一件事情持续做 10 天。

当我们已经能持续行动 10 天的时候，就要面对持续行动 100天的目标。第二章"如何快速进入一个新领域"，谈论的是当我们持续做一件事情的时间达到 100 天这个量级的时候，如何解决兴趣消减的问题，如何看待自己已经取得的进步，如何正确认识时间管理，以及什么才是正确的事情，等等。这一章的要点可以陪伴你平稳度过持续行动的第一个 100 天。

从 100 天到 1000 天，规格扩大了 10 倍，但是我们这个阶段要面对的问题却比原来重要 100 倍以上。第三章"竞争壁垒是如何形成的"，讨论的就是如果我们能够用 1000 天的时间做一件事情，那么我们周围的环境以及我们自己会发生什么变化。在这个阶段，我们会开始思考：什么是竞争壁垒？为什么会有一些现象让我们无法理解？我们的能力边界在哪里？这一章的分析可以帮你平稳度过持续行动的第一个 1000 天。

如果你能持续行动 1000 天，恭喜你，因为你在某个领域可能已经小有成就。这个时候，你可以大胆地展望一下未来 10000 天（30 年左右）的光景。第四章"避开长期主义的陷阱"，主要讨论当持续行动让你在一定程度上获得成功，拥有了财富、地位、荣誉后，你需要注意什么问题，如何规避风险。这个阶段，你也许会非常富有，但也可能因为错误判断与知识偏差输掉全部家产；你可能声名显赫，却也可能因为自我膨胀，一着不慎，满盘皆输；你可能功成名就，却也可能在下一代的教育问题上无能为力。10000 天量级的持续行动，时间长、难度大，希望这一章的思考，能够帮助你平稳地度过持续行动的第一个 10000 天。

这本书可以搭配《刻意学习》一起读，本次再版，两本书同时上市。《持续行动》专注怎么行动、怎么成事，而《刻意学习》解决怎么学习、怎么改变自我的问题。

给仍处于迷途的新人

如果你的生活仍然处于迷茫与困顿中，做事总是无法持续行动，情绪反复崩溃，那么这本书可以为你点亮一盏灯。你可以从头开始，先小心谨慎地持续行动 10 天，感受一下自己的变化。如果一切正常，那就再持续行动 100 天；如果此阶段你感觉不适应，那就继续持续一个 10 天，巩固已有的成果。不要急，不要怕，相信自己定能跬步千里。

为什么我相信这本书里的内容能让你持续地做事情呢？因为我写的文字都是我的亲身经历。你走过的迷途，我也曾走过；能点亮你的，也曾指引过我。倘若你开始真正持续行动，一定能与我产生强烈的共鸣，不是因为我说得有多正确，而是你也同样发现了以前没有注意到的事实和真相。

一旦开始持续行动，你和我就都是持续行动者。

已经起航的奋斗者

如果你已经在人生的奋斗旅程中拥有了自己的目标，有一些想法，却总感觉生活少点儿什么，活得仍然不够带劲儿，那么本书中关于 1000 天持续行动阶段的部分，对你来说就很有参考价值。

刚刚上初一、高一、大一的读者，如果执行好 1000 天的持续行动计划，那么 3 年或 4 年后就正好能摘取胜利的果实。考上好高中、进入好大学、找到好的实习工作或进入好单位，这些结果都来自 1000 天前撒下的"种子"和持续行动的"灌溉"。1000 天后，每个人走上不同的人生道路，这和他们 1000 天前的认知、选择，以及 1000 天的持续行动密切相关。

《持续行动》第 1 版上市 5 年多，已经有很多人完成了自己的 1000 天持续行动，并且给我反馈。在这些读者中，有的考上了重点大学，有的获得了人生的突破，这些都经历了时间的见证。

你如果刚参加工作，不管工作是否忙碌，都要想想，1000 天以后，你所处的行业会发生什么变化，你自己会有什么变化。如果你想在时间的流逝中，留下一些受益匪浅的记忆，那 1000 天持续行动就是你的不二选择。

我的第一个 1000 天持续行动结束后，有了第一部作品《刻意学习》；而在第二个 1000 天持续行动还没结束时，这本《持续行动》就诞生了；等到第三个 1000 天持续行动结束的时候，我出了第三本书《学习的学问》，同时又把我的第一、第二本书修订再版。这是曾经处于迷途深处的我，全然无法想象的结果。

不管你做什么，1000 天总会过去的。持续行动 1000 天，见证我们从想到直至做到。

业有所成的高手

如果你已经在自己工作的领域取得了不俗的成就，那么本书中关于 10000 天持续行动的内容，将会给你启发。我在本书中重点论述了长期主义的陷阱，让我们思考清楚到底什么才是真正的长期主义。我认为这些话题对于一位业有所成的高手而言，是至关重要的。

当我们一路成长，从新人变成高手时，我们会变得更加强大，也会承担更多的责任。而这意味着，我们如果犯下严重的错误，就会付出更惨痛的代价。从这个角度来看，我们越有能力持续行动时，越要思考什么信念对我们来说最重要，以及我们应该树立什么样的价值观。

我们一生拥有数段 10000 天，第一段的时候我们正值大好年华，第二段的时候我们沉稳老练，第三段的时候我们更珍视平安健康。从 30 年的视角看自己、看家庭、看社会，能带给我们更多的生活智慧、更多的宁静与祥和。

最后，本书记录了我在 "N 阶持续行动" 的认知框架下的所思所想。这是一个非常有意思的认知框架，欢迎你来一起贡献认知力量，让我们的认知武器更强大。让我们一起持续行动、刻意学习、升级认知吧！

目录 | Contents

引言　刻意学习，持续行动

我曾经是一个特别不能坚持的人。在我小时候，爸爸就教育我，做事不要"三分钟热度"。爸爸还送给我一本他读过的《青年知识手册》，扉页上是他手写的一句用来自勉的话："苟有恒，何必三更眠五更起；最无益，莫过一日曝十日寒。"

这是明朝学者胡居仁的自勉联。爸爸怕我看不懂，很认真地向我解释，告诉我做事情要持之以恒，不能三天打鱼两天晒网。不过因为那时我太小了，还是没能记住。现在回想一下，这应该是我最早接触的持续行动理念。

我一直认为，我们在个人成长方面要学习和践行的理念，是那些经久不衰的理念。前人用"书山有路勤为径，学海无涯苦作舟"告诫我们求学治学要以勤为先，用"少壮不努力，老大徒伤悲"教导我们努力要趁早。这些道理绝不会因为我们进入了新时代而改变。一个人如果做事不勤快，年轻时不努力，那么不管在哪个时代，都很难有好的发展。

　　越是涉及成长的核心理念，越能历经时间的考验而留存下来。这并不像手机应用软件，不进行更新升级就无法使用。老祖宗给我们留下的那些智慧，也许在今天有着不同的表达形式，但是核心内涵不会改变。孔子说的"学而不思则罔，思而不学则殆"，道破了学习和行动的辩证关系。我在书中经常说的"刻意学习，持续行动"，也只是在印证这个道理。在个人成长的道路上，我们不断创造新的表达方式与新名词，其实有时候只是在重新诠释前人的金玉良言。

　　既然如此，如果多研习前人传下来的经验，那我们不就可以进步得更快吗？结果并非如此。我们并不爱听这些"老掉牙的东西"，甚至斥之为"陈词滥调"。我们总想看到一些新鲜的、紧贴时代发展的学习方法论。许多人认为，最新的才是最好的，于是执着地寻找最新的认知、最新的成功案例。新花样层出不穷，我们却因为忙于应对各种新情况而身心俱疲。此外，出于叛逆心理，我们也不愿意承认自己在个人成长的道路上遇到的这些问题，前人遇到过并已经给出了解决方案。我们认为自己所处的时代不一样，所以对自己的关注远远大于对历史、对前人的关注。每一代人总会犯一些前人反复告诫我们要避免的错误，哪怕前人喊破嗓子，我们仍然"前赴后继"地往同一个坑里跳。

　　我坚决认为，在个人成长层面，"经典"的力量强大得远远超出我们的想象。千百年来，人类在发展，科技在进步，即使是1000 年，在人类的进化史中也显得太短暂。我们顶着一颗拥有百万年进化史的大脑，在现代社会行走。这个时候，经典的东西反而更有优势。我们现在看到的前人作品，无不经历了时间的筛选才留存下来。上溯 100 代人，如果你问我，我的祖先是谁，生平如何，我可能答不上来。我的祖先很有可能在古代社会只是一个普通人，除了在家谱上有个名字，再也没有其他的记录，又或者他根本不识字，甚至连记录都没有。因为在那个时代，只有能识文断字的读书人，才更有可能流传下来一些思想和文字。

如果能充分吸取前人的经验，那么我们就可以做得更好一些。但是，当一个道理呈现在我们面前时，如果只是随便听听，随意看看，那某一瞬间获得的启发很快就会被遗忘。如果不用实际行动去体悟，那么任何被动输入，都无法在我们的成长过程中起到实质性的作用。

我对于持续行动的理解和领悟，也同样是如此。在我很小的时候，爸爸就和我说过做事情要持之以恒。我以为我知道了就能付诸行动，实际上却没做到。直到我开始持续行动，把一件事情坚持了足够长的时间，我才真正从内心意识到，持续有多么重要。于是，我决定写一本书来专门讨论持续行动这件事情。

可能你会想，不就是坚持吗？两个字的事情，有必要写一本书吗？如果你这样说，那么就进一步证实了我的观点：当看到一个道理时，我们会觉得它好简单。但是回到生活中，我们却发现自己还是老样子，仍然没那么容易做好一件事。

常言道，不听老人言，吃亏在眼前。如果听了也不做，那么我们仍然要吃亏。既然如此，为什么不趁早听，趁早意识到问题，趁早实践呢？我的成长经验告诉我，持续行动其实是一种帮助我们尽快上道的方式。看到一个道理时，即使我们觉得自己懂了，也不要着急下结论，应该先持续行动一阵子，再看看结果如何。在我看来，持续行动可以减少我们面对前人教诲时的自大与傲慢。我们往往在做一件事的过程中才会慢慢发现，很多道理说得真对，比预想的要深刻许多——在持续行动中获得的体会，可比被动输入的效果好多了。

我们要通过持续行动去体悟和学习，否则别人说得再多都是徒劳的。如果有了持续行动的能力，又能吸收别人提供的知识，那你就真的很厉害了。

小时候的我几乎没有坚持完成过任何一件事情，爸爸给我的教诲，我也没入脑入心。过了十几年，在经历各种摸索和曲折，我真正开始持续行动时，才发现原来那句发人深省的话早就写在爸爸送我那本书的扉页上了，只是我从没注意。而等我真正注意到的时候，十几年的光阴已经流逝。我长大了，终于明白了，可爸爸也老了。

上个月爸爸搬家，他说："你之前送给我的《刻意学习》找不到了，可能搬家搬丢了。你能不能再给我一本，我没事的时候看看。记得在扉页上写几个字。"我鼻子一酸。

在我小的时候，爸爸把自己读过的书送给我，扉页上写有他的自勉语。在我长大以后，我也想在自己的第一本作品上写几个字，然后送给他。于是我在上一版《刻意学习》的扉页上工工整整地写下"刻意学习，持续行动"。这 8 个字，是我的自勉语。

爸爸曾经给我的是一本《青年知识手册》，而我的这本《持续行动》其实是一本持续行动者手册。两本手册，一前一后，在时空中相互呼应，既是学习精神的一种传承，也是持续行动的一种体现。

我希望《持续行动》里的文字，能对你有所启发和触动。我也希望这些文字能在岁月里留下印记，倘若在千百年后，这些文字还能被看到并被认可，那便说明我对这个世界也作出了一些微小的贡献。

10 天

第一章

先行动，再思考

无痛上手，极简行动

为什么我们不愿意行动

每个人的心中都会有很多想法：学好英语、考上公务员、做自媒体、创立个人品牌、做副业赚钱、瘦 10 斤、学写作、找对象……这些目标让我们总想做一些事情，但是事实却是迟迟没有付诸行动。

有一句话叫，万事开头难。为什么说启动是最难的？理解这个问题，要从人的本性说起。

我们之所以会采取行动，主要有两个驱动力，第一个是远离痛苦，第二是追求快乐。我们都希望远离痛苦，为此我们就会赶紧行动，否则将会面对更大的痛苦。我们希望自己变得更加快乐，于是我们会向快乐走去。

有的人会说，我知道这些，但是我却仍然做不到我想做的事。这里还有一个重要的视角：我们的生活现状，就是在快乐和痛苦之间博弈后取得的结果，这是一个均衡稳定的状态。你感受到了多少痛苦，就能找到多少快乐来补偿，只是有时候你并不会意识到自己的行为。

我们最终没有做到某一件事情，是因为经过衡量，我们的快乐和痛苦已经平衡了。那既然处在这样一种"稳态"当中，为什么我们还会感到纠结呢？

纠结来自这样的心理过程：当你在给自己寻找快乐来缓解痛苦的时候，你知道这个快乐是短暂的，是自欺欺人，无法持久，不够健康，但是你又不想付出更大的代价去争取更健康持久的快乐，于是产生纠结。

人生就这四类事

我建了一个坐标轴来梳理这个问题。在这张图中，横轴代表时间，左边是短期，右边是长期；纵轴表示情绪体验，向上是快乐，向下是痛苦。我们可以据此将生活中的活动分为四类，如图1-1所示，每一类活动给人带来的影响都不同。

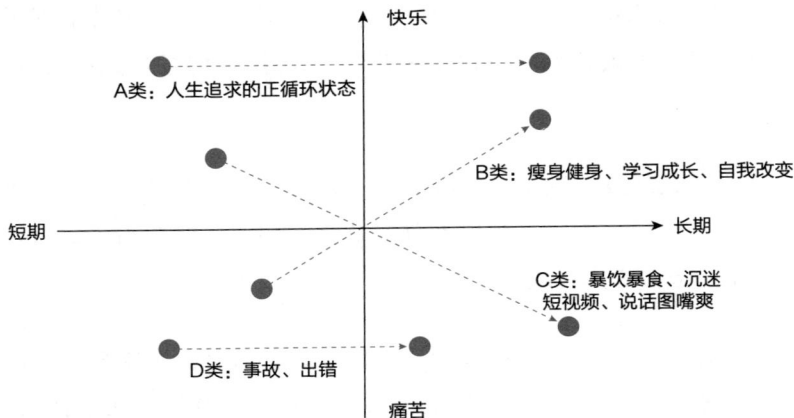

图 1-1　人生中的四类事

1. 短期快乐、长期也快乐（A 类）：这是人生成长进步要追求的正循环的状态。如果你每天做的事情，不仅让你在当下很快乐，长远来看也快乐，就意味着你在做这件事情的时候同时兼顾到了当下的感受与长远的发展，持久地处在正面积极的情绪里。人都喜欢这种状态，但是要达到这样的状态，需要经过专门的训练和学习，才能够有一套可以调整自己状态的系统。

2. 短期痛苦、长期快乐（B 类）：这类事情在短期内可能带来痛苦或不适，但长期来看是有益的，大部分自我成长和改变都是这一类，例如瘦身健身，学习新技能。它们在短期内需要克服一些困难或付出努力，但坚持下来会带来长久的收益，最终给我们带来长期的价值。

3. 短期快乐、长期痛苦（C 类）：**这种事情能带来短期的愉悦感，但从长期来看却可能带来负面影响，例如沉迷娱乐、过度消费、暴饮暴食等。这类行为让人暂时体验到快感、获得了享受，但是长期持续下去，会给我们带来身体、精神、事业上的损害，最终还是逃不了痛苦。**

4. 短期痛苦、长期也痛苦（D 类）：**这是我们最应避免的事情。无论是短期还是长期，这类事情都没有带来正面的价值，反而让我们消耗精力或陷入负面情绪。人际交往中无意义的内斗、对他人的抱怨指责、拖延导致压力不断增加等，这些事情不会带来任何好处，反而让人消耗更多时间和精力。**

人生要做的事情可以分为这四类，其中对于 A 类事情，我们应该尽可能多做，毕竟人生宝贵，不应该把那么多时间浪费在不美好的事上。

对于 B 类事情，我们要坚持做。这些事在长期带给我们有价值的回报，我们要能经得住短期痛苦的考验。同时，我们也应该想办法认知升级，把它们变成 A 类的事情，尽可能把感受到的痛苦转化为快乐。

对于 C 类事情，我们要抵制诱惑，尽量少做。那些短期感受到的快乐，会在长期带给我们更多的痛苦，我们要能守得住自己的心，有强大的定力，避免在这一类事情上浪费时间，分散精力。

对于 D 类事情，我们要坚决不做。因为这一类事情，无论是对自己，还是对他人，无论长期还是短期，都没有任何好处。我们要能够清晰地识别自己的状态，一旦发现状态不对，马上调整好，避免自己陷入困境之中。

无法行动的原因

当我们把这四类事情梳理开来，每一个人凭理智都知道自己应该怎么做，但是为什么很多人还是做不到？那是因为人总会陷入自己的某一个当下，用当下所感受到的情绪状态来做决策，然后，会在每一个当下忘记上一个当下。所以人总是会前后矛盾，总是容易受到环境的影响，总是会给自己找各种理由来解释这一切。也正因为如此，我们总是会陷入无法行动的困境里。

掉入困境之后，我们的认知就会发生扭曲，看到的世界和真实的世界就会不一样，具体表现在以下三个方面。

完美主义：完美主义者为自己设定了一个过高且不切实际的标准，这类人的逻辑是，我怕我自己做不好，所以我一直不做，因为我要做就要做最好。这个逻辑会让这类人处于一种无法被检验的优越位置。完美主义者通常不愿意接受他人说自己标准过高，他们认为自己理应如此。这种行为模式导致他们害怕尝试新事物，只是因为担心自己无法做到最好。完美主义者需要学会接受不完美，要认识到完成比完美更重要，从而克服这种不必要的自我设限。

放大困难：放大困难是指人在行动时，会在心理上不自觉地夸大可能遇到的困难，同时会想象出很多困难，但是又不去做预案，于是把自己束缚住。打个比方，一个人可能会想象自己出门会遇到熟人，但自己不愿意跟人打招呼，从而感到焦虑，干脆选择不出门。这种思维方式是一种认知扭曲，可以通过认知行为疗法来治疗与调整。

方法缺失：有的人缺乏有效的引导手段，急于让自己开始行动。当他们脑海里产生一个想法的时候，还没有一个系统的方法论，就想马上可以采取行动，他们开始行动后就会被自己不充分的想法和现实的困难给吓到。

以上三方面就是造成一个人陷入行动困境的主要原因。这三个原因有一个共同特点，即人为给自己制造了过多的障碍，造成原地踏步。

用三大方法拆解目标

很多人制定了目标，行动后却发现很难实现，这往往是因为目标太过庞大、模糊，不知道从哪里开始。因此，拆解目标可以帮助我们一步一步地走向最终的成果。拆解目标主要包括三个方法：分块、分段和压缩。

1. 分块法

分块就是将一个大目标分解成多个模块，分别完成每个小模块的目标，逐渐实现整体目标。可以通过反复拆分的方式，直到每个模块足够小、足够简单、足够便于操作，这样就不会让人感到太有压力。如果你的目标是完成一个网络训练营学习课程，就可以把这个课程拆分成若干次课程，再把每次课程的内容拆分成若干页数的 PPT，比如拆分成每次课程学习 20 页 PPT。

分块可以让我们更好地管理每一个小模块的进展，避免一次性面对庞大的目标而感到手足无措。同时，还能增强我们的成就感，因为我们逐步完成一个个小模块，看到自己在不断进步。

2. 分段法

实现目标通常是有先后操作顺序的，分段是指按顺序，先从最简单的一段开始。先解决"从 0 到 1"的问题，让自己进入状态以后，再"从 1 到 N"，不断扩大并完成后续的工作。

分段能帮助我们逐步深入行动，人的大脑进入状态是需要引导的。要想把事情做起来，可以先做一部分，为后续任务建立信心和掌控节奏感。

3. 压缩法

压缩即先设定小目标，缩小原始目标的规模，使其更容易启动和完成。通过一步步完成小目标，可以逐渐向大目标靠近。可以采取"除以 10"的策略，把原来的目标任务量压缩到十分之一，行动的时间长度也可以除以 10。这样既减少压力，又更容易实现。每完成一个小目标，就可以再逐步推进下一个小目标。

因为压缩后的目标更容易完成，能给人带来信心和动力。一步步累积小成就，最终实现大目标。通过这种方式，我们可以有效防止因为目标过大而产生拖延心理。

用"3个1"原则从简开始

如果你觉得自己要做的事情仍然有难度，下面这"3个1"的原则可以快速减轻你内心的焦虑，让你马上收获成就感。

1. 1次法

如果任务是重复性的，那么只需做1次，不需要追求完美或者持续性。把"做1次"作为唯一的目标，完成了就给自己肯定和鼓励，终结虎头蛇尾的坏习惯。如果你想培养某个新习惯，先尝试做1次，不用考虑后续的任务和时间。这样可以避免因为期待过高而产生的焦虑。

1次法的好处在于降低了心理门槛，让我们轻松开始行动。这种方法特别适合那些很难启动的任务，例如整理文件、开始运动等。

2. 1分钟法

如果任务涉及时间问题，那么只需要花1分钟来完成，不管做成什么样，到1分钟，马上收手。短短1分钟既不会影响到其他安排，也不会让人感到压力。比如，你想要养成阅读的习惯，可以每天拿出1分钟来阅读，不用过多停留。这种方法能够消除拖延和恐惧心理。

1分钟的时间很短，几乎可以无痛地融入日常生活。通过不断地进行短时间的任务积累，逐渐形成习惯，同时也在不知不觉中提高了行动力。

3.1 点法

如果任务涉及要点，那么每次只需写下1点内容，其他的可以暂时搁置。在做笔记或者写日记时，可以只写一个要点，不需要一次性写完所有的想法，剩下的内容可以留到以后再说，这样可以减少心理负担，提升写作效率。

1点法避免了信息过载和进行过多的思考。通过只专注于一个关键点，可以让自己保持专注，轻松完成目标，而不会陷入完美主义的陷阱。

用"身份法"重获动机

不管你是一个什么样的人，你仍然想成为一个更好的人，仍然希望得到好的评价。相比行动而言，我们更关注自己的身份，每个人都会做出有利于自身评价的事。利用这一点特性，从行动视角切换到身份视角，可以让我们更快地开启行动。

大多数人在思考问题时，思考方式是我要行动，我要改变，我要变得更好，我要赚更多的钱，我要做出成绩，以此来变成一个更好的人。这可能导致一个困境：你会发现，即使你没有采取行动，也可以通过自我欺骗的方式，感觉自己已经变得更好了。

这时，可以换一个身份视角的思考方式，反过来问自己：你是一个什么样的人？你要拥有什么样的品质？你如何自我评价？你想做一个什么样的人？你认为这样的人会做什么事？你认为这样的人现在应该怎么做？

每个人的身份都是自己给的。如果你一直认为自己是一个勤奋、用功、上进的人，你发现尽管自己想参加公务员考试，认为自己应该能成为一名公务员，成为一个有能力的人，但一年来却没有任何实际行动。作为一个自认为勤奋和上进的人，会做出这样的事吗？

行动第一步，对人不对事，思考清楚自己是一个什么样的人，做这个身份下该做的事，会让我们更有动力。

极简行动是指要改变这样一种情况：以前我们认为行动好难，是因为每一次行动得到的都是负面反馈，所以我们就放弃了。采用极简行动法则，每次只要做一点儿，就让自己感觉不错，我们会因为这种不错的感觉，而愿意再继续坚持下去。

顺应人性就是持续行动的成功法则。

持续行动的根本是顺应人性

为何有些人能够坚持不懈，而另一些人却容易半途而废？根本原因在于，我们对人性的理解和运用不同。顺应人性是指在行动过程中，依据人类本性的基本特征和规律来制定自己的行动策略。顺应人性是实现持续行动的关键。

对安全的需要：小步迭代

在个人成长中，当我们面对不确定性或复杂任务时，过于激进的目标容易引发我们的焦虑和抵触。因此，将目标分解为小而可行的步骤，尽量简化，能降低行动的心理阻力。前文所讨论的各种极简行动的方法，就是考虑到了人类天性当中对于舒适与安全的需求。

刚开始健身的时候，很多人会一次性买很多课程，但目标过高会让人产生恐惧，不符合人性对于安全的需求。万一遇到健身房突然倒闭、老板跑路等情况，也会有财产损失的风险。健身这件事正确的做法是，最开始只要求自己每天去十分钟就可以。如果连十分钟都觉得长，那就调整为去健身房打卡一分钟就可以。当你觉得这件事情是安全的、舒适的，就会持续做，自然会不断"迭代升级"。

对反馈的需要：主动制造成就感

持续行动的过程很漫长，能坚持下来的一个重要支撑就是能够不断获得反馈。人对反馈的需求，本质上是因为需要安全感和掌控感。长时间看不到成果，行动就容易丧失动力。反馈既可以来自外界的评价与互动，也可以来自自己看到的进展。

在行动刚刚开始的时候，给自己制造成就感是非常关键的。如果达成一个简单的目标，就给自己奖励，这样更容易获得心理满足，从而坚持下去。

如果你坚持做一件事情，度过了一些里程碑式的时间点，比如 100 天、300 天、1000 天，就可以给自己一个奖励。写一篇文章、出去旅游一次、吃一顿大餐，都可以作为一种奖励的方式。

等到后期，你已经把事情做成了，收到了大量外界的正反馈或者赚到钱了，这些结果就更会激励着你不断向前。

对积极情绪的需要：创造仪式感

积极情绪能够拓宽思维，使我们在面对困难时更有创造力。

当我们感觉自己有能力做成一件事情时，这种正面的情绪可以增强我们做事的动力。我们需要有一些固定的动作或者行为来让自己快速获得积极的情绪，这就是仪式感的意义。

你可以每天早上固定一小时，专门做你喜欢的事情，这件事让你身心愉悦，就可以成为你的生活仪式之一。你也可以在工作前静坐五分钟，调整呼吸，让自己进入最好的工作状态。当你每次都重复这样的动作以后，它就可以在你的大脑里固化下来，让你更快进入状态。每次工作结束后，也可以安排一个小的仪式，还能收获到满足感。

培养习惯：让大脑自动执行

当你持续做一件事情，经过一段时间之后，大脑就会发生改变，你就养成了行为习惯。习惯就像自动程序一样，到了某个条件就会自动触发，让你能够想到自己要去做某件事情，并且会自动调整好你的状态，做好准备。这个过程无须你主动干预。

养成一个习惯，有些人说是要 21 天，也有人说是要 100 天。从持续行动的角度来说，如果我们做好了长期投入的准备，无论到底多少天，习惯一旦形成，就可以帮我们节省一些精力，节省下的时间可以用于更好地改进我们的行动。

习惯可以给人带来安全感和确定性，因为你相信自己的大脑会在生活中的特定时刻想起该做的事情，这种确定感会让人感到很安心。

发现内驱力：将他律转化为自律

我们最开始行动的时候，动力可能来自外部。短期来看，外部力量的他律作用可以激励我们前进，让我们走上行动之旅。但是长远来看，持续行动要基于我们内在的真正渴望，而非外在的强迫或压力。

当我们的行动源于内心真正的向往时，我们更容易克服困难，持续前行。这种内在动机能够给予我们持续的力量。持续行动的关键在于将外部要求转化为内在需求，使之与个人的价值观或兴趣相吻合。

例如，一位讨厌跑步的人为了健康被迫锻炼，这是他律。但他发现，换一个视角，将跑步看成自己喜欢的探索城市新路线的活动，跑步变得更有趣了，也慢慢形成了习惯，自然更愿意跑步了。

被认可的需要：借助社交力量强化行动

人的天性包含了对社交认可和归属感的需求。加入志同道合的社群，融入一个组织，不仅能收获归属感，还可以增强行动力。在社群中，我们可以和其他与我们同频的人产生联结，获得支持，满足自己的社交需求。①

　　当我们在这个群体里公开我们的行动目标，表达我们的承诺，我们的行动力会大大增强。其他人的存在让我们感觉不再孤单，在遇到困难时大家能够互相扶持，共同前行。这种扶持并不一定需要别人手把手帮忙，我们只需要知道，那个之前看起来很渺茫、不确定的目标，居然有人做到了。而仅凭这一条信息，就足以让自己比以前更有动力。这就是社交力量对我们的行动强化作用。在这个时代，一个人的奋斗不再只是单打独斗，越能和他人沟通交流、产生联结，成长速度就会越快。

　　虽然个人成长涉及对我们自己的改造，会有一个不舒服的过程，但是行动之所以能持续下去，是因为我们知道经历过这样一段考验，能收获更多。我们对天性的改造并不意味着否认天性本身，而是在更高的层面上，更好地发挥天性的作用，让自己拥有更好的人生。

---

① 　如果你想了解我已经运行了十年的个人成长社群"S成长会"，可以在公众号"持续力"（微信号：scalerstalk）回复关键字"VIP"查看介绍。

道理我都懂，就是做不到

在生活中有一类人，他们最爱说的话是"道理我懂"。不管你和他们聊什么，他们都说"我懂"。但你看他们的生活就会发现，他们眼高手低，过得并不好。

朋友"小明"就是这类人，我与他对话的"画风"是这样的。

我："刚才听你说了那么多，我认为你并没有真正理解你说的那些道理。人只有通过行动才能改变自己，不能眼高手低。"

小明："哦，这个道理我懂，只有行动才能让我改变。但是我就是无法行动呀，我就是缺少一个好方法。"

我："行动的关键在于开始做事。开始做事以后，你会发现方法并不是一成不变的。哪怕一开始方法不好，你也能边做边改进。而且做得越多，自己也越能发现新方法。"

小明："这个道理我懂，方法可能不是最重要的，但是如果没有合适的方法，我怎么知道自己有没有走错方向？"

我："开始做事情时，你可能看不出方向。你持续做事，很快就能在行动中发现方向。"

小明："道理我懂，方向总是在行动的过程中明确的。但是，如果一开始不是正确的方向，那我岂不是要走很多弯路？我不想走弯路，感觉很吃亏。"

……

与小明这样的人沟通让人感到心累。你掏心掏肺地帮助他，但他的第一反应永远都是"这个我懂"，然后把自己原有的观点强调一遍。这样的对话，每多经历一次都是对友谊的伤害。

因为根本不懂，所以过不好

网络上"道理我都懂，却仍旧过不好这一生"的话题讨论，总会引起很多人的共鸣。许多人都想问，"我们知道这么多道理，怎样才能过好这一生呢？"于是人们又开始研究有没有更多让人"过好一生"的道理了。

如果一个问题百思不得其解，那么你一定要停下脚步，看看前提有没有问题。"为什么道理我都懂，却仍旧过不好这一生？"很简单，因为道理你并没有真正地懂。

当你把注意力从"过好这一生"转移到"懂"上，问题就能迎刃而解。当问题变成"道理我不懂，却过不好这一生，这是为什么？"，这就像问"三天没吃东西，为什么肚子饿"一样，答案简单明了：你不吃东西，不饿才怪！

那要怎么办？既然不懂，那就去搞懂，问题不就解决了。利用常识思考，让我们头脑清醒；而脱离常识，会蒙蔽双眼，导致我们迷失方向。

自以为懂的幻觉

为什么我们会对自己不懂的东西自以为懂了呢？这种"不懂装懂"背后的动机是什么？到底什么才叫作"懂"呢？感觉懂了，是真的懂了吗？

回忆一下，上一次我们感觉自己"懂"了，大呼"醍醐灌顶"，是什么时候？

场景一：有个问题一直困扰你，而你百思不得其解。你查阅了大量资料，反复分析挖掘，经历了煎熬与痛苦后，终于在某天睡前灵光一现，才发现答案竟然如此明显。那一刻，你觉得自己懂了！

场景二：你读了一本科普书，其作者是专家。专家写得深入浅出，你很快就读完了并感觉良好。你觉得自己已经搞懂了，整个过程没有费多大力气，你感觉很开心。

在这两个场景中，哪一个是真懂，哪一个是自以为懂呢？如果你真正懂了，那就能经得起实战的考验，否则这个懂就是幻觉。

我曾经发起过一期关于"读财报"主题的读书活动^②，目的是让大家通过刻意学习，看懂上市公司的财务报表，具备基本的财务分析能力。为了能够让大家入门，我在这一期书单中选择了一些通俗易懂的财报入门书。有些同学在活动开始前，用一个晚上读完了两本，兴高采烈地告诉大家："这期的书比较简单，我已经看完前两本了。"

在读书活动正式开始后，我会出题请大家回答，题目涉及财务指标的计算、行业与公司的调研以及对投资决策的看法。有意思的事情发生了，最初认为这些书很容易读的同学，其态度无一例外发生大反转。

"我原来以为财务报表真的很简单，没想到一动手计算，却发现大脑一片空白，其实自己并没有看懂。"

"看书学了一段时间后会产生自满的心态，觉得书看懂了，很有成就感，但拿到作业后立刻被'打脸'，离看懂还差得远呢。"

---

② 自 2017 年起，我每年会组织不同领域的专题读书活动。截至 2025 年 3 月，该活动已经举办了 22 期，共读了经典图书近 100 本，涉及不同的主题。大家可以在公众号"持续力"（微信号：scalerstalk）回复关键字"书单"，即可免费查看具体书目。

"一开始，我认为这些书肯定比《资本论》简单，也没太上心，一做作业才发现自己原来是'读了个假书'啊！"

"虽然一个晚上读完两本书，也觉得书中的内容并不难，可是做起题目来，一点儿也不轻松，太'打脸'了。"

"回答问题的时候，我发现根本不能直接从书上找到答案，必须把书全部认真再看几遍才行，原来自己之前压根儿没有抓到重点。"

我曾经调研过本节在开篇列出的两个场景，哪个对提升学习效率更有效，大部分人的回答都是"场景一"，但实际上，他们自己却还坚持以"场景二"的方式学习，说一套，做一套，大致翻翻，随便看看，就以为懂了。不经历考验，大家都以为自己是学习高手。一上"战场"，全部"原形毕露"。

大家同样是学习，有一种人经过刻苦钻研最终学懂了，还有一种人随便翻翻就感觉学懂了。他们都以为自己学到了，都在某一瞬间醍醐灌顶。但是事实上，二者之中必然有一方的情况是产生了幻觉。

答题这种方式，能够在第一时间让我们发现"懂了"的幻觉，可以及时进行干预，让自己清醒。但我们若在生活中出现了"懂"的幻觉，却没有及时到位地改正，那我们很容易犯错误。

生活有一定的容错能力，你做一两件傻事，也未必会立刻得到惩罚，可能也没有人说你不行，有时候甚至还有意想不到的正面反馈。生活像一场漫长的考试，我们不停地写，却不能马上看到标准答案，也不知道错了没有。突然有一天，你发现涂错了答题卡，却马上就要交卷了。

我们在生活中遇到的很多困难，其实都是这样慢慢堆积出来的。最开始问题并不明显，虽然也来得及修正，但是常常被忽略。直到问题变得严重，我们才注意到，但这时已经错过最佳修正时间。每一个中年危机的背后，都有一个曾经犯傻的少年。时间的审判经常会迟到，但是不会缺席。

不要轻易说自己懂得某个道理，虽然道理中的每个字你都认识，但是连在一起代表的含义，可能会大不相同。

别轻易说你都懂

对于"懂道理"这件事，可以分为以下几个层次。

（1）一听就懂，感觉良好：道理通俗易懂，闻者会心一笑，听完脑海瞬间蹦出两个字——"懂了"。这就很像看着答案做题目，感觉自己每题都会，能拿到满分。

（2）似懂非懂，不能深究：能说出个大概，但是缺乏足够的原理支持，也难以灵活使用。就像欣赏一幅画作，如果没有真正理解，就只能说"画得真好，像真的一样"。

（3）深刻体会，细节支持：这个阶段的体会来自实践，当你发现自己通过行动领悟到的道理，别人早已总结好了，你非但不会觉得自己笨，反而会有英雄所见略同之感。同时，还会有大量的细节能够支持你对道理的理解，而不是空泛的"懂"。

《道德经》有言："上士闻道，勤而行之；中士闻道，若存若亡；下士闻道，大笑之。不笑不足以为道。"就算是一个简单的"懂"字，也有不同的深度。深度的区别在于我们花费了多少代价，去换来那个"懂"的感觉。

我一直认为，道理不是一听就能懂的。为了懂得一个道理，我们往往要付出一定的代价。很多人不免觉得，懂一个道理需要什么代价，知道了不就懂了？但是，知道道理的字面意思，不代表你真的领悟了其中的真谛。

不懂装懂就要付出代价

在现实生活中，我们的常识可以说是"靠谱得可怕"。你如果不怕高，在高处毫无恐惧，可能会不慎跌落而亡；你如果不怕火，一旦麻痹大意，可能会葬身于火场。我们有了足够多的生存常识，来帮助自己不在进化中被淘汰。

在物质世界中，尤其在对钱的看法上，我们特别清醒。没钱就是没钱，我们不会把别人的钱当成自己的钱，甚至自己有钱，都要说自己没钱。如果我们手里只有1万元，就不会去签1000万元的购房合同。哪怕是去商场，我们也会避开那些远超自己消费水平的商店。走在高楼林立的上海陆家嘴，我们会拍照留念，而不会想"我要把这条街全部买下来"。在钱的问题上，我们如果不懂装懂，超前消费，过度举债，就要付出代价。

但在精神世界，我们有时却特别不靠谱，常常把别人的当成自己的，把自己的当成别人的。

一些深刻的道理就像现实世界的资产，大量实践和无数代价的累积才凝结出一句朗朗上口的话，传承至今。随口声称"懂得了一个道理"，就像随意表示自己买得起一栋楼，这是在吹牛。

我们不能天真地以为，知道了道理的字面意思，自己就理解了道理的本质。倘若随便一听就觉得懂了，就和看到别人兜里的钱就认为这是自己的，没有本质区别。别人口袋里掏出的钱是别人赚到的，别人理解的道理是在别人从实践里收获的。

世界运行的方式不是"所见即所得"，不是你看到的东西就属于你。否则的话，世界上最有钱的人应该是银行柜员。如果我们的认知水平由听过的道理决定，那世界上最有智慧的人可能是新媒体编辑，他们每天通过网络接触大量的信息，里面包含了大量的"济世良言"和"深刻道理"。

这个世界上除了有买不起的东西，还有弄不懂的道理，为此要下的功夫，有时候真是让人望而却步。

　　作为普通人，未必有那么多时间和精力去弄懂各种道理，持有"一听就懂、感觉良好"的心态，也无可厚非。只是我们要知道，自己可能不懂，不要沉迷于自以为是的优越感里。

　　即使我们买不起一栋楼，仍然可以在晚上欣赏高楼林立的美丽夜景。一些大厦还被开发成景点，专门供人观光游览，仅仅需要一张门票而已。如果我们参观完大厦，却问自己为什么没能拥有它，明显就是一件让人哭笑不得的事情了。

　　既然自己只是一名参观"道理大厦"的游客，我们就应该摆正心态。这样的话，至少我们在生活不顺心时，也很清楚问题出在哪里，知道这是自己的选择，而不是盲目地抱怨"道理我都懂，却仍旧过不好这一生"了。

　　毕竟，过好一生可不是一件容易的事情。

每天都有借口阻止你前行

半夜 12 点，我接到小明打来的电话。

他语气局促地说："S 老师，我要学习英语，想和你一起行动！"

"怎么了？受到什么刺激了吗？记住，不管发生了什么，睡一觉就好了。年轻人不要老熬夜，早点儿休息。"

"不不不，我这次是认真的。"

"你上次来找我，也说是认真的，然后就再无下文了。"

"这次是真的！自从你告诉我'懂'分为不同的层次之后，我就再没说过'道理我都懂了'。"

"看来有进步，这次你遇到了什么事情？"

"我今天和外国客户开会，其中有位漂亮的女士，她的英文讲得特别好，用英文问我怎么连接公司的无线网络，但是我不知道怎么用英文表达。要是我英语很流利，就能和她谈笑风生了，说不定还能跟她交朋友……"

我笑道："你想多了吧。果然是'鸡血'不如荷尔蒙啊。那这样，你明天睡醒之后再来找我，如果你到时候还想学英语，我们再聊。"

说完，我便挂断了电话。

欲望是进步的动力，只是有些欲望来得快，去得也快——第二天一睁眼，我们便忘得一干二净，这就是所谓的"晚上睡前千条路，早上起来走老路"。

受到刺激才行动，万一没有刺激呢

《大脑的未来：神经科学的愿景与隐忧》一书写道，响应环境刺激是最原始生命的求生方式，连细菌都会根据溶液里食物的浓度信号调整运动方向，最终向食物最多的源头逆势前进，这叫"化学趋向性"。我们也会根据环境刺激来行动，"受到刺激—开始行动"是根植于我们心中的行为模式。

在酒店大厅里看到有人在优雅地弹琴，想到自己小时候放弃的钢琴训练；

在商务谈判中被对方以英语优势施加压力，想到开始又放弃的英语学习；

竞争重要岗位却因在最终面试环节发挥不好而落败，想到曾经中断的演讲练习；

在高铁上偶遇画画的小朋友，想到小时候自己深爱却没坚持学下去的绘画；

看到人工智能行业薪水高，想到自己曾经因为畏惧困难而放弃报考计算机专业；

……

生活就像戏剧，一幕幕场景串联起一个又一个故事。我们听到别人的故事，看到别人完成了我们未能实现的心愿，就特别容易受到刺激。

在《刻意学习》一书中，我提到一件对自己影响很大的事。在综艺节目中，嘉宾们住的房子宽敞明亮，而当时观看节目的我却坐在光线阴暗的出租屋内，透过屏幕见识别人的幸福生活。我深深地受到刺激，下定决心开启自己的持续行动之旅，改变现状。

生活还像小河流水，而刺激就是往河里投掷的石子。石子激起涟漪，涟漪散开后很快消失，水面又恢复如初。石子被流水冲走，零散地沉到河底。生活中遇到的事情，就是一个又一个刺激，有的很快被忘却，有的深埋在心中。刺激不断积累，小刺激攒成大刺激，直到某一天，突然某个关键刺激出现，唤醒我们所有沉睡的记忆——可能是一个重大的决定，可能是内心绝望的呼喊，可能是最后的奋力一搏，可能是逃命狂奔。那一瞬间，我们的渴望如此强烈，犹如窒息时渴求空气一般强烈。

既然小刺激的积累最终可以产生如此强大的力量，那么是不是只要等待那个关键时刻出现就好了？我现在问自己，如果当时没有受到那个节目的刺激，我会开始持续行动改变生活吗？结论是，如果错过了那次机会，我并不知道下一次会是什么时候。

诚然，如果没有综艺节目的刺激，可能还有其他节目的刺激，刺激不断积攒，终有一天，我们临门一脚，自此改变人生。但是，我们并不知道临界点到底什么时候出现。我们甚至不应该这样期待，因为万一积攒了一辈子也没有遇到关键刺激呢？生命有限，每一刻都不容荒废，等待一件遥遥无期的事情，犹如在黑夜中行走，看不清前进的方向。我们不能做命运的奴隶，不能只依赖关键刺激来下决心，不能被外界支配。万一我们没有那么幸运，没有遇到改变一生的大转折、大事件、大刺激，难道只能像温水中的青蛙一样，不温不火地结束此生？

那是在一个闲暇的周末，我在自己的小破屋中，百无聊赖地打开了那个节目。这个关键刺激指引我最终走上持续写作的道路。如果没有这些事情的影响，我现在会变成什么样的人，我也不知道。当我们通过行动取得成果时，成果会变成新的现状，我们需要再针对新的现状采取行动，继而产生新的成果……改变就像滚雪球，越滚越大。

在平行世界里，我也许完全不会写作，这本书也根本不可能出版，世间只是多了一个焦虑的身影。我们不能光靠刺激做事，万一刺激迟迟没有到来，而我们一直等待，就会延误"战斗机会"。这样不仅会浪费大好年华，更会错失为我们的成长提供助力的时代浪潮。与时代浪潮擦肩而过，我们可能会一直原地踏步，无法实现人生目标，只能旁观别人的成长故事，给别人点赞。我们要么被别人刺激，要么活出自己的故事，刺激别人。

主动给自己制造刺激

生活中，每时每刻都有事情刺激我们的大脑，我们无处可逃。但是，我们能选择如何处理这些刺激，甚至赋予它们不同的意义。虽然我们无法完全掌控、预测外界的事情，但我们不应该被外界的刺激束缚，任由外界影响自己的情绪状态。

然而，"受到刺激—开始行动"的行为模式已经深刻地印在我们的脑海里，以至于仅仅知晓"我们应该"和"我们不应该"，并不能让我们真正获得持续行动的力量。各种刺激会不停地出现，与其等待关键刺激影响我们的行动，不如主动地给自己制造刺激，把自己往理想的方向引导。

如果我们想开始行动，就不要等待关键刺激发生时才让自己下定决心。如果我们想走出压抑纠结的状态，那么就不要指望通过冲动购物、暴饮暴食等行为来改变这种状态。我们必须从被动接受刺激变成主动给自己制造刺激，给自己讲故事，用自己制造的刺激代替外界环境的刺激。

选择什么样的刺激来影响我们的行动，是每个人都需要思考的问题。

若你能坚持放弃，就能坚持行动

写作初学者最喜欢问的问题是："我要怎么开始写作？"在写了一段时间后，他们经常问的是："我发布的文章总会被人骂，怎么办？"

刚开始行动的时候，我们是内心脆弱的，在意别人的看法，一有风吹草动，就产生情绪波动，容易妥协和放弃。真正的持续行动者知道自己要什么，不管外界发生什么，都会转化为对自己的加持，保持前进的动力。面对同一件事情，我们产生什么感受，一定程度上取决于自己如何看待。

归因是个技术活

归因会影响某件事情给你带来的意义。例如，你给小明发消息，小明一直没回复，你如何归因将影响你的情绪。如果你想的是"也许小明正忙，没看到"，你就会对自己说"那我再等等，不着急"，也不太可能会生气。如果你想的是"小明这个人怎么这样

啊，态度差，人品不好"，那么你可能会因为感受到被别人忽视而
生气。

不同的归因方式本质上是看问题的不同角度。我们既可以把
事情归因到人的内在特质，比如认为小明就是一个态度不好的人；
也可以归因到外部情境，比如认为小明可能遇到了一些突发的事
情；还可以归因到个例，比如理解小明这样做不代表所有人都会
这样做；也可以归因到全体，比如认为男人都是像他这样的。

在面对外界刺激时，我们管理好归因方式，就拥有了可以科
学合理地解释事物的能力，这也是我们和其他动物的本质区别之
一。只要能主动发现看问题的不同角度，我们就可以给事情赋予不
同的意义。这样一来，情绪就不会被外界随意影响了。如果我们对
一件事情的归因能让行动持续，让心态稳定平和，让自己在面对挫
折与成就时都泰然自若，那么这便是最好的成长状态了。

归因练习：这样看待网络言语攻击

假如你认真地写文章，不哗众取宠，却还是会遭遇攻击和谩
骂，怎么办？虽说情形严重的话，可诉诸法律手段解决，但"蚊
子飞来飞去也不可能用大炮打"，把这些恶评当成噪声好了。

人都喜欢正面积极的评论，不喜欢负面消极的反馈。有人用
偏见对待我们，可能会激发我们的战斗欲。如果按照本能的指引，
与对方针锋相对，反而会激起对方更大的恶意。表面上，我们是

在捍卫自己，但是实际上，我们的行为已经被别人严重影响，自己已经处于了失守状态。

这是一个很好的归因练习的机会。每个人的时间和精力都是有限的，每做一件事就会消耗掉一部分的生命力。时间是我们的财产，花时间做事，就相当于用钱投资。你把钱用在哪里，说明你认为价值就在哪里。在网络上遇到言语攻击时，侧面说明有人愿意为你"消耗生命"。如果遇到有人买"网络水军"对你实施攻击，那更说明你已经重要到让对方不惜花钱了。

如果这时，你被他人的评论带动，失去控制，奋起反击，这其实是受制于人的表现。攻击者把球击给了你，主动权在你手中，你可以选择是否回应。你的回应不应该由下意识的反应驱动，在回应前至少要过脑子，想想对方是否值得你这样做。

不过，从"持续行动是一件非常难的事情"这个视角出发，当你遇到攻击的时候，要知道这些攻击不会长久。持续行动者的优势是持续能力，不应畏惧转瞬即逝的事情。对于转瞬即逝的事情而言，时间就是它们的克星。哪怕你不做任何回应，时间一长，那些攻击自然就消失了。

假如有人三番五次、连篇累牍地对你进行攻击呢？坚持做一件事情是很难的，如果有人能做到坚持不懈地攻击你，他就变成了持续行动者。这个世界上的持续行动者并没有那么多，"棋逢对手"时要要机智应对。

我们永远是自己世界的主导者。不管我们做什么，总会有人不喜欢我们。既然如此，你能做的就是自己先喜欢自己，自己捍卫自己。这样，在这个世界上，就会多一个喜欢你的人。

当真正出现这些问题的时候，我们面临的考验其实比想象的还要大。只是大部分人并不会过多受到外界的关注，所以不用经历这种考验。

倘若真的遇到外界的刺激，身体的本能会告诉我们："攻击来了！做好战斗准备！"网络的评论往往不会直接带来肉体上的伤害，但是我们的大脑还是做出了本能反应。不过，我们如果能在认知上做到免疫，就可以把这些伤害降到最低。

给本能做次升级

通过成长，我们可以在本能之上加一层新反应，代替原有反应，给本能做一次升级。新反应由理智训练得到，更符合我们当下的生存环境，更有价值。但是，"修改"大脑回路的难度非常大，我们总是会放弃，然后回到原有的轨道上。放弃后发现情况不对，又重新开始"修改"大脑回路，从而陷入反反复复的拉锯战。

这个过程给了我们启发。我们总想持续地做一些事情，却总半途而废，这的确让人难以接受。但是换一个角度，我们就会发现，虽然事情会中断，但是放弃这一举动却是持续的。如果你认为自己做任何事情都会半途而废，那么请不要忘记，你在半途而废方面是持续的。

所以我们并不是一无是处，至少我们在"半途而废"这件事上从来都不半途而废，至少我们对"放弃"从来没有放弃过，至少我们对"中断"从来没有中断过。黑夜黑透了，星星便有了光芒。

这也说明，我们本身就具有持续行动的基因。这些坚持的行为一直持续存在，只是我们一直没有发现和利用它们。能不能"变废为宝"呢？有没有可能把这些反复放弃的经验利用起来，从中提取充满智慧的点子，改善我们的行动呢？

人类最早发现火的时候，充满恐惧，甚至把火奉为神灵。最终人类驾驭了火，可以用火取暖、烹饪、驱赶凶猛的动物。虽然现在依然有火灾造成生命财产损失的情况，但是当我们学会了如何正确使用火，就能与火和平共处，点燃文明之光。用电和用火是同样的道理，触电会造成人身伤亡，但是通过合理安全的设计建立电网，做好绝缘措施，我们就能用电造福人类。

我们在成长过程中遇到困难，就像人类在进化过程中遇到火与电。人类为了生存，适应了不断变化的环境，克服了对火的恐惧，转为己用；掌握了电的原理，带来光明。到了今天，仍然有一些捉摸不透的事，像曾经的火与电一样，影响我们的情绪，带来成长的痛苦。如果要改变，却不能持续行动，那么你的目标在未来也将无处安放。我们应该学习人类祖先"驯服"火与电的思路，为自己的成长和进步提供动力。

怎样让我们的成长路上的"火与电"变得乖巧不失控？这是需要我们努力破解的，是关乎我们成长的技术攻关。我们需要了解客观规律，从中获得持续稳定的能量。就像第一次工业革命时期，蒸汽机的出现为工业化大生产与资本主义的发展提供稳定的生产力。每个人都应该在自己的成长路上找到利用"原始能量"的方式，谁先掌握了先进的技术，获得持续稳定的动力，谁就能在成长进化的过程中展现更大的竞争优势。

你可能会问我怎样才能快速具备破解问题的能力，有没有什么诀窍？问这个问题其实和问我怎么才能一夜暴富是一个道理。不是听到一个道理，感觉自己懂了，人就会马上发生变化。从原始、不稳定的能量到稳定、可靠的动力，是一场技术的升级。而技术的发展，也需要一定的时间。同样地，从受制于情绪波动到良好的状态管理，需要我们升级认知，依靠持续行动去体会、去发现、去感知方向在哪里，这也不可能是在短期内就能见效的事情。这是我们一生的课题。

不过我确信的一点是，既然我们能持续放弃，就一定能持续行动。就凭这条信念，我们便足以穿越持续行动的"牛熊周期"。

从每天锁定一小时开始

当我们开始行动的时候，最大的困难通常并非来自所做的事情本身，而是各种干扰因素：下班太晚、通勤时间太长、心情不好、状态不佳、身体不适、朋友聚会、考试迫近、网上购物停不下来……

每天都在发生不同的事情，产生的干扰也不重样，都是所谓的"特殊情况"。遇到特殊情况时，很多人的第一反应是：今天情况特殊，没有时间，计划和行动暂停一天。无奈"造化弄人"，每天总会有一些特殊情况冒出来，成为自己不行动的理由。于是我们无法持续行动，从而节节败退。

每个人的时间都是不够的

大多数成年人走上社会，就无法在学习上投入大块时间。而真正有充足时间学习的学生却不珍惜，在读书期间也没做出特别大的成绩，毕业以后才捶胸顿足、追悔莫及。随着年龄的增长，我们能够感觉到时间过得越来越快。

我们的时间永远都是不够用的，在这一点上人人平等，所以不要指望"等我有时间"。在影视剧中，当出现"等战争结束，我就回来娶你""做完这一单，我们就远走高飞"这些台词的时候，我们就知道主角离悲剧不远了。

我们也不要指望辞职后、退休后，自己能腾出时间专门做一些事情，这是不现实的。有很多人选择辞职考研，认为这样做的成功率高，其实未必。当你有工作的时候，会认为自己最缺的就是时间。但是当你真正什么工作都不做，有了大把时间专门学习的时候，你会发现又有杂事来填充原本被各项工作占据的时间。相信经历过待业居家的人都知道，这种时候效率并没有我们想象的那么高。

先从一小时开始攒起

人们对自己未来的情绪和状态往往判断不准，经常会高估自己。如果你想持续做一件事，先不要有太多宏大的设想，因为你的判断很可能不准。先从每天锁定一小时开始比较靠谱。即使再忙的人，每天也是能腾出一小时做事情的，只要确保在这一小时之内，没有人打扰你就可以。一个人独处，做应该做的事情，这是改变的开始。

最简单的腾出一小时的办法，就是减少手机的使用时间。一般来说，直接减少手机使用时间的难度很大。如果你强制自己不玩手机，那你可能会开始玩其他电子产品，比如平板电脑等。所以我们要找到一个可以替代在电子产品上消耗时间的好习惯，投入其中，从而挤占原来坏习惯的时间。

最有效的方案，其实是采用"掐头去尾"的方法——从一天的活动时间中攒出一小时。要么早起，比以前提前一小时起床，趁着家人还在休息，你能做点儿事情而不被打扰。要么晚睡，比以前睡得更晚，这样你可以在夜深人静的时候，获得片刻安宁，继续做事。

如果一个城市要发展，是先拆旧城区还是直接规划新城区？目前比较常见的操作经验是找个空地规划出一片新区，把政府、医院、学校先搬过去，然后招商入驻，再开发住宅带动人口聚集。渐渐地，新城区人气渐涨，旧城区的发展需求增大，就有机会对其进行拆迁改造。

我们调整时间也是同样的道理，你可以先不改变原有的习惯，从增量时间下手。等到一小时的习惯形成以后，我们会不自主地替代原有的坏习惯。

有的人会说："我每天必须睡够八小时，少睡一小时会让我很难受。"人的睡眠有自己的规律，大约以 90 分钟为一个周期，能获得完整周期数的睡眠，就能起到很好的睡觉效果，不必拘泥于八小时。中午可以通过午休的方式补充睡眠，来保证一天的精神状态。

改变命运轨迹

我从 2014 年开始写作，最初是利用下班后的一小时，之后因为晚上有口译训练项目，就把一小时计划调整到了早上。每天早起一小时，就能完成当天的目标任务，再进入正常的工作与生活。不要小看这一小时的力量，日积月累下来，是非常强大的。正因为在早上这一小时下功夫，我积累了新的知识和技能，从而打开了新世界的大门，改变了自己的命运轨迹。

把这一小时利用起来，你就会发现，因为要提前起床，你晚上睡得早了，不容易失眠了；由于起得早，上午时间被拉长了，进而一天的工作产量增加了。当你起床以后发现整个城市都还在睡眠中，就会有一种微妙的兴奋感，有助于你保持一天的好心情。

每天锁定一小时，持续做一件事情，一段时间之后，无须任何人教你，你自然会有新的想法产生。做事情上瘾后，你会发现时间不够用，便开始主动思考如何把生活中其他事情占用的时间腾出来，感受时间管理的奥妙。

最开始做事的时候，周围的人可能会向你投来怀疑的目光，但当你持续做下去，他们的态度就会逐渐发生转变，开始佩服你甚至向你学习，你就慢慢变成了朋友圈中有影响力的人。比如你的孩子最开始不爱学习，但是发现你一直在学习，也变得以你为榜样认真学习，而且还会反过来提醒你要做作业了，你的家庭关系更融洽了。

案例：通过持续读书，改变生活状态

我在社群做读书活动的时候就应用了"每天锁定一小时"这个方法。每天你只要花一小时读书答题，两三个月就可以读完这个领域里的几本经典图书。最开始的题目不会很难，目的是帮助大家进入行动的状态，之后我会循序渐进地增加思考题的深度与难度。

当大家感受到读书学习的意义，便会开始主动调整自己的计划，让自己从行动中有更好的收获。通过这个活动，有的人养成了早起的习惯，早上四点就起床开始读书了；有的人不再沉迷刷短视频，养成了更高质量的生活习惯；还有的人争取到了家人的理解，与家人也一起加入读书活动，促进了家庭和谐。

这一切变化都源于用一个读书的好习惯代替原有的坏习惯。把好的方面做强，不好的方面自然就没有了"生存空间"。这一切只是从"每天锁定一小时"开始而已。

只要你持续地做一件事情，在行动中慢慢感受变化，你就能体会到什么叫"想法从脑海中慢慢生长出来"。你会感觉到，通过每天锁定一小时做一件事情，好像进入一个新的世界。不过在你看到这个新世界之前，我用再多的语言描述它都显得苍白，毕竟只有通过亲自持续行动感受到的，才是最有力量的。要不从今天开始，从看到我这段文字的时候开始，你也试试看？

当一个人主动求索的时候，就是开始腾飞、开始成长的时候。持续行动，每天锁定一小时，你将为梦想插上有力的翅膀。

全面开始意味着全面崩溃

我们的行动欲望在什么时候最旺盛？通常是新年伊始时。我们制定出崭新的效率手册，下定新的决心，憧憬在新的一年实现大改变。

不要贪多，不要高估自己

每到新年，我的社群会开启很多活动小组，成员可以自行报名参加。每一年我都提醒新成员，一定不要一次性加入太多小组，先加入一个就好，然后慢慢增加。因为全面开始，可能意味着全面崩溃。我们千万不能只顾当下，还要考虑到三个月后、半年后、一年后我们能不能坚持做这件事情。

社群中的成员纷纷摩拳擦掌，有的人加入了很多活动小组，俨然一副要一下子赚回学费的架势。

这些小组都有任务要做，如果要留在小组，就必须持续完成任务。不到两个星期，第一批人败下阵来；三个月之后，每个小组能有一半的人留下，就已经非常不错了。到年终的时候，很多人才想起来我在年初说的话，他们总结的第一个经验教训都是，开始行动的时候不要贪多，不要高估自己。

计划不能被欲望绑架

追求个人成长的过程中，最怕出现两种状态：一是没有欲望，二是欲望过剩。

没有欲望的人，会给人"丧"的感觉。他们缺乏做事的动力，得过且过，浑浑噩噩。你看不到他眼睛里的光，与他们相处，你会感觉自己的心情都变得沉重起来。

与之相对应的就是欲望过剩。这类人会毫无章法地给自己堆砌任务，列计划时完全不考虑执行能力、时间资源和可行性，以为只要写下目标，改变就能发生。缺乏深思熟虑是很多人在列新年计划的时候特别容易犯的错误。

如果只是把想要做的事情写在纸上，就特别容易被欲望绑架。大脑擅长构建新的意义，你一边写一边畅想完成目标之后的样子，提前幻想体验到成就感，不禁嘴角上扬。我们写下更多的计划，以此能获得更强烈的感受，于是计划越写越多，欲望越来越强，完全忘记评估自己完成计划的能力。

　　我曾经就因此摔过跟头。我在制订 2013 年新年计划时，决定每天都要运动。我打印出每日运动计划的表格，贴在墙上，想象自己成了一个运动达人就很开心。既然爱运动，又怎么能不爱读书呢？第二个目标来了，我应该还要读 30 本书。这个目标让我感觉自己又成了一个非常爱学习的人，心情更舒畅了。既然都说要读书了，是不是应该把英语也练练？那就在计划里加上外刊阅读吧，每三天阅读一篇文章。慢慢地，我的新年计划完美呈现了德智体全面发展的趋势。原来只打算计划一件事情，结果列了一箩筐计划。

　　2013 年早已远去，那一年我的计划并没有完成。锻炼计划持续了两个月，就宣告中断了。读书和外刊阅读计划，不到一个月就被我放弃了。我发现真正开始做这些事情的时候，全然没有刚开始计划时的欣喜。相反，繁重的任务让我有了畏难心理。行动中的细节让我感到枯燥无聊，结果就放弃了。

　　更致命的在于，我根本没有计算过完成计划所需要的时间。一年读 30 本书意味着大约 12 天读完一本，如果一本书 240 页，一天要读 20 页，如果按 1 小时算，大概 3 分钟读 1 页；如果 3 天完成一篇外刊的精读，那每天至少要花半小时来精读、写笔记。

　　直到开始行动，我才发现，自己每天压根儿没有心思读 20 页书。那时候我心浮气躁，才看了几行就想快速知道这本书在讲什么，根本无暇顾及作者的逻辑推论与案例分析。我也没法每天花半小时学习英语，一到查单词、分析文章大意、写笔记，我就质疑自己这样做的意义是什么。

后来我才明白，我只想要立一个"我爱读书学习"的人设，却不愿意真正投入时间去读书。我只想要一个"我有英文阅读习惯"的自我评价，却没有勇气真正成为这样的人。当时的我不想投入时间，却想得到结果，不想付出努力，却想体验成功。

这是一种希望不劳而获的想法，背离了客观规律，自然无法获得好的结果。唯一值得庆幸的是，那个时候没有知识付费，没有广泛流行的"快速阅读"，也没有人跳出来说帮我读书。否则，处在阅读困难的关头，我绝对不会设法迎难而上，克服困难，而是顺着杆子往下滑，看了几页书之后就去听别人的解读了。

一旦我习惯不亲自读一本书，而是第一时间听别人的解读，看别人整理好的要点，我就会慢慢失去加工原始素材的能力。这种认知习惯一旦养成，就很难被扭转，毕竟克服困难是很累的事情。

那是 2013 年的我，现在想想还是有些后怕。改变是在什么时候出现的呢？那时，我压抑了一年，总感觉无力又颓废。这段经历在《刻意学习》一书中也有提及。2013 年底，我渐渐想明白一件事情——与其一次做多件事，不如全力以赴只做一件事。没有比做一件事情更少的选择了，困难和阻力也没那么大。如果我只把一件事放在第一优先级，那么胜算就更大，也容易坚持下来。

我当时对自己说，如果连一件事都做不好，就别再追求进步了，甘于平庸就好了。

先做减法，才能做加法

如果只做一件事情，选择做哪件事情就变得非常关键。

这件事最好有一定难度，因为目标太容易实现，会让人觉得无聊，但是又要方便检验成果，不易掺假放水，而且最好做起来没有很多限制条件，于是我就想到了写作。只要有纸和笔就能进行写作，用电脑更方便。

长期浏览社交平台的内容，让我受制于一种碎片化的思维方式。虽然我已经拿到硕士学位，也写过不少论文，但是让我就某个社会话题写出一篇有条理的、逻辑清晰的长文章，确实很费劲。如果逼自己一把，全力以赴，或许也能实现。文章有没有写出来这件事情容易检验，加上字数要求，自己更是无法造假。

于是写文章变成了我当时的最佳选择。当我想到要每天做这件事情的时候，整个人都兴奋起来了，充满了战斗力。不过鉴于之前的教训，我克制了自己的冲动，坚决不给自己安排更多的事情。我也预计会遇到一些困难，不过我相信自己可以克服。最差的情况是我不睡觉，也要把一篇文章写出来，这样就能确保底线不被突破。实践证明，从一件事情开始做起是我个人成长的突破性举措。

每天只写一篇文章，持续的时间一长，写作节奏也能更好地把控。时间就像自家的菜地，你种了菜，杂草生长的空间自然少了；你认真做事时，被浪费的时间就被填满了。等做好一件事情，我再开始做第二件事情、第三件事情。于是2014年一整年，我还完成了口译训练，学习了课程，开始做社群活动，同时一直坚持运动，一切都安排得井井有条。到2014年底，我超额完成了目标。

我的2014年充满了非常有趣的体验。我最终做成了很多事情，却是从一件事情起步的。我最终超额完成任务，却是从克制欲望开始的。计划的少，完成的反而多。虽然看上去很缓慢，成果也不多，但是完成一件事获得的激励，总要强于在好几件事情上半途而废的挫败。前者鼓励我们继续前进，后者让我们垂头丧气。如果一个人没有强大的内心，很有可能一遇到挫折，就放弃目标不再继续了。

我们也许想同时做很多事情，想活成榜样的样子。但是如果欲望肆意膨胀，条件和个人能力没跟上，就得不到想要的。如果克制住膨胀的野心，消除不切实际的幻想，从一件小事开始做起，把持续行动的基本功打好，日积月累，你的执行能力就会不断增强，协调管理本领也会不断提高，更有助于你完成更多的事情。

如果你拼命地给自己做加法，微弱的行动力就会在欲望的膨胀中被稀释；但是反向操作，给自己做减法，从一件事情开始，把有限的力量聚拢起来，集中突破，反而会有意想不到的效果。

不过，只计划做一件事情，并不是让大家少做事，而是告诉大家，在开始行动的时候只选择一个切入点，不要在条件不允许的情况下全面开始。

全面开始可能意味着全面崩溃。如果我们的能力还没有那么强，不妨先一步一步慢慢来，时间会为我们"助攻"。

持续行动让感知更精准

有人会说，我的确想做很多事情，无法舍弃其中任何一件，怎么办？

我不禁想反问，你既然想做很多事情，怎么没见你以前做过任何一件？为什么在一开始的时候，非要同时执行那么多计划呢？这就是高估自己的典型例子。

对不起，你看不准

还有人说，我不是做不到，只不过是还没有努力。这就叫吹牛。只在脑袋里琢磨盘算，不在现实中努力实践，出现认知偏差是必然结果。一旦回到真实的世界里，空想者就会被现实扇一记响亮的耳光。

还会有人问，如果只做一件事，什么时候开始做第二件？应该如何把握这一时间节点？如果我们把事情做得很到位，新想法出现的时候，你会感觉自己从容不迫，游刃有余，对自己的能力认知很清晰，这个时候你就可以开始"加载"新的行动任务了。

我家附近有个卖糖炒栗子的店铺，卖栗子的师傅有个绝活——徒手称重。你说要买多少斤栗子，他只需一铲，就能非常精准地达到重量，误差最多一粒栗子的重量。由于称重总能一步到位，师傅招呼客人的速度非常快，加上其徒手称重这个技能极具观赏性，所以店铺生意火爆，买栗子的顾客络绎不绝。我问师傅是怎么做到的，师傅笑着说："这行我干了 20 年，天天琢磨天天练。"我说："你是如何做到热爱这件事的？"师傅答道："干得好、干得快，能赚更多钱。这让我在北京有了三套房。"

大多数人对重量的感知难以达到精准到一颗栗子的程度，而这位卖栗子的师傅对重量的感知度至少比我们强百倍。更核心的原因还是他在这方面比我们有更多更持续的训练。持续的训练就可以让感知变得更敏锐，看问题能更准确。

持续行动让你判断准确

持续行动能帮助我们建立对于时间和行动的精准认知。一本 300 页的单词书，你需要花多长时间背完？如果考虑在这个过程中的情绪变化或意外事件，又要增加多少时间？你在开始行动前，是否已经心中有数？还是以为只要写下了计划，就一定能实现？

很多人在制订新年计划时，对于做一件事情要花多长时间、消耗多少精力完全没有概念。匆匆写下新年心愿，完全不考虑做这些事情需要付出多少代价，这样的我们和不知柴米油盐贵的少爷并无二致——若恰逢家门兴旺，可以衣食无忧地度过一生，也是幸事；倘若赶上家道中落，而少爷也已成年，他就会过得非常辛苦。

当你非常清楚自己的执行能力时，就可以合理地制订计划，而不是给自己胡乱安排任务。你应该知道自己花多长的时间能走多远，确定的速度乘以时间，就是距离。如果计划都能如期完成，那么你在持续行动中获得的正面反馈就会不断积累，正面刺激就会挤占负面刺激的生存空间。持续行动就像给你的内心做了大扫除，你的心态、自我认知、行动力都会随之发生变化。

用这个方法，我读完了《资本论》

我在带着社群成员读《资本论》的时候，就采用了这样的方法。我们并没有很强的政治经济学背景，唯一拥有的就是持续地做一件事情的能力。即使面对有难度的阅读书目，我们也不怕，哪怕慢一点儿，只要不放弃就可以。因为我们知道，《资本论》的页数是有限的，只要坚持每天认真看，迟早能看完。

我们读的这个版本的《资本论》约有 1700 页，根据章节主题阅读难度的不同，每天阅读一小时，每小时阅读 10 ~ 20 页比较合适。如果以 15 页为均值，再考虑休整复习的时间，预计 130 天能读完，也就是四个月多一点。最终结果表明，我们从 2018 年

1 月开始，坚持每天早上阅读，持续行动，花了四个半月的时间，完成了阅读计划，与计划一致。

像《资本论》这样的大部头，内容晦涩难懂，因此很多人读不下去，中途放弃的人不在少数。好在我们过去几年的持续行动训练，打下了良好的基础，社群成员对持续行动中的困难耐受力普遍增强。以《资本论》读书活动为例，在我们开始阅读的第一天，300 人参加学习并提交了笔记，活动期间定期清理不行动的成员，读完的时候剩下 150 人。在读书期间，我们每天完成的笔记累计 10 万字左右。整场活动下来，所有成员的笔记累计突破 1000 万字。

经过这场持续行动的战役，很多成员的自信心大大提升。尽管很多人无法透彻理解《资本论》里的所有观点，但是有了这段宝贵的持续行动体验，在达成一项成就之后，再阅读其他大部头，比如 700 页的《社会心理学》、800 页的《米塞斯大传》也完全不在话下。还有很多成员说，读完《资本论》，竟然不再害怕自己的专业资格考试了。

持续行动的好处就是，你能对自己的行动力有精准的判断，能非常清晰地规划出未来的成长路线图。这项"看得准"的能力，需要长期的训练。如果我不是从 2014 年开始持续行动，如果我不是从 2017 年开始持续每天读书，那么我也无法在 2018 年开年就挑战如此有难度的图书。

做计划和花钱买东西不一样——我们很容易知道自己有多少钱，却不太容易看清自己能做多少事。形成对自身能力的精准判断需要长期练习。如果你判断得准，规划得好，既不让自己少做事，也不让自己多做事，最终便能做到持续行动层面的"从心所欲不逾矩"。

天下大事必作于细。从一件事情开始启动持续行动计划，不要着急，不要被欲望裹挟，不要被情绪操控。"铁匠没样，边打边像"，你要在行动的过程中培养自己的判断能力。比如，你要读一本书时，根据个人能力就能准确计算出多长时间能看完；准备考试时，根据题目的难度就知道自己要花多少时间备考。如果计算准确，你马上就能够知道自己应该做什么，不应该做什么，也就不会焦虑了。

为什么有的人心想事成？因为他想得靠谱，预判准确，言行一致，说到做到。只有这样，人生的幸福感才会大大提升。

持续行动，一定要每天都做

一提到持续行动，很多人最关心的问题是：是不是每天都要做某件事情？这个问题很有意义，值得探讨。

到底要不要日更

以微信公众号为例，该平台最开始出现的时候，一天只能推送一次。即使是非常勤奋的作者，也只能做到按天更新，每天更新即"日更"。而写作初学者到底要不要日更，是一个饱受争议的话题。

反对者认为，日更会让作者短视。作者每天必须寻找新的话题，如果无话可说，就会"为赋新词强说愁"，导致文章质量下降。他们还认为，日更超出了写作初学者的能力范围，强行日更会起到反作用，不如认真多花些时间，打磨出一篇好文章。

而支持者认为，日更是为了让人每天写作输出。如果不是为了更新公众号，很多人就不会写了。同时，让读者每天能看到你的文章，就是日更的意义所在。每一次推送都会让读者加深印象，一天一次的推送机会，不用也是浪费，所以应该日更。

　　两种说法都有道理，但是从持续行动的角度来看，刚开始做一件事情的时候，保持每天都在行动，形成的节奏对我们的成长进步是最有帮助的。

　　前文已经说过，行动量不够的时候，我们对时间和行动量的感知就不准确。怎么建立最基础的衡量尺度呢？就是每天在同一件事情上持续训练。

每天做才能让感知更敏锐

　　以天为基本单位行动，是建立对时间的感知最便捷的方式。2014年我开始写作，要求自己每天写一篇文章，这让生活变得异常忙碌。家人担心我这样做太辛苦，劝我不必每天都写，两天写一篇就好。鉴于行动中断的惨痛教训，我对间隔几天做一件事情的想法十分警惕。

　　我知道，如果不要求自己每天都行动，而是隔一天写一篇文章，那么在不写作的那一天，我对时间是没有感知的。没有感知的时候，也是感知最不准确的时候。每逢国庆或者春节等长假结束，我们最强烈的体会是：怎么假期这么快就结束了？在假期中，我们的作息被打乱，基本的时间认知也会变得模糊，对时间的感知就会不准确。每隔一天写一篇，万一记错了日期，就可能变成三天写一篇。一不留神，再变成五天写一篇。之后如果再犯懒，就会变成一周写一篇，慢慢变成半个月一篇，最后写作这件事情就会不了了之。原则一旦被打破，计划很快就会崩塌。

换一个角度来看，如果以日出日落为界、以地球自转为期，只要昼夜变换一次，我就写一篇，那么我便不用去计算这一篇和上一篇、这一次行动和上一次行动间隔了多长时间。我每天都必须睡觉，每天都必须醒来，要么我醒来马上写，要么我写完赶紧睡，只要紧扣自然的作息节奏，持续行动的成功概率就大幅提升了。事实证明，以天为单位要求自己行动，一旦保持住了这样的节奏，就非常容易坚续下去。

每天行动并没有你想象的难

飞机在起飞和降落时的风险系数最高，飞行时的风险系数反而最小。同样的道理也可以运用在持续行动的过程中，如果中途懈怠放纵，再重新找回行动节奏的难度就大了。

很多人上学时，都有这样的体验：某一天，你上课时没听懂老师的讲解，也没在课后及时复习，消化知识点，而第二天老师讲解的知识需要用到前一天的概念，于是你又一次没听懂。这时候想赶上进度就会有点儿费力，如果没有得到恰当的帮助，就容易掉队。日积月累，题目不会做，考试考不好，心理压力随之增加，然后就会不喜欢这门课，陷入恶性循环。

假如你平时能够跟上老师的讲课节奏，甚至超前学习，就比较容易获得良好的学习体验，这样你的成绩也会更好，学习也会更积极，从而形成良性循环。回顾求学生涯，我们的学业成果其实也是由每一阶段的成果积累起来的。正面的情绪可以积少成多，负面的情绪同样也能不断叠加。

很多人在日常生活中行动力比较差，基本上无法坚持做一件事情。当听到要每天都做一件事情的时候，他们便汗毛立起，肾上腺素加速分泌，整个人紧张起来，觉得摊上了一件没完没了的事情，压力很大。

这个时候就是升级认知、打开视野的最佳机会了。你的人生还有很长的时间，应该把眼光放长远，用憧憬去填充未来，然后逐一实现。

搞定三天，就能搞定每一天

我们并不需要因为担心太长远的事情而感到焦虑，就像我们根本不会因为要持续呼吸一辈子而感到焦虑。我们只要把注意力放在这三天——今天、明天和后天。

今天有什么任务，能不能完成？

明天要做什么，能不能安排好时间？

后天会不会有突发事件，我能不能成功应对？

我们要先把这三天的事情安排好，然后慢慢完成剩下的任务。只要专注于你要做的事情，把任务完成好，你就会发现时间过得很快，完成的任务也很多。

　　在我的社群活动中，我每天会提出一些问题请大家回答。虽然问题不多，但是我让大家每天都要回答，写一写自己的答案，再看看别人的想法，对比总结一下。一期活动结束，大家在不知不觉中就写了好几万字。很多人以前从来没有写过这么多字，答过这么多题，当他们看到自己积累的成果时，瞬间自信满满。如果一开始就让所有成员写 10 万字的读书笔记，大多数人都会立马惊呼："我做不到！"

　　如果把目标细化成每天点滴的行动，就会发现竟然也可以做到一件自己从未做到的事情，这是多么美好的体验。只不过一直以来，我们缺少的正是这种行动带来的确定感、自信心和安全感。

　　我们会自卑、犹豫，害怕投入，企图寻求捷径，这些本质上都是缺乏行动力的表现。我们常常在做一件事的初始阶段就害怕得不到结果，因为担心失败或自以为没希望，就停下了尝试的脚步。而想要成长进步，我们一定要接受一个真相——哪怕做了很多事情，也未必能得到想要的结果。但是如果做的这件事情本身是正确的，那么你只管去做就好了，在做的时候不断调整与反思，最终会看到不一样的结果。

底线思维：死守底线不放松，抓住机会多升级

　　为了让自己每天都能坚持，采用"底线思维"是个不错的方法。问问自己：在最繁忙的时候，我能腾出多少时间？能完成多少任务？回答的时候，请理性、心平气和地评估自己每天能完成

的最少的事情。一旦确定完成量，就把这件事情变成自己每天必须死守的底线。

我们都很忙，但是不管多忙，每天都要腾出时间吃饭；不管多忙，每时每刻都要呼吸，心脏都要跳动。这些是每天、每时、每刻需要做的事情，是我们的生命线，必须守住。

成长进步也有自己的"生命线"。当我们执行计划时，一定要明确自己每天无论如何都要完成的"底线任务"。而这项任务，并不一定要占用大块的时间，比如只要半小时或一小时就能完成。这样一来，我们就不会有很大的压力。因为底线一旦确立，剩下的就是坚决执行——无论如何都要完成，哪怕晚睡半小时，也要把事情做完。

在完成底线任务的基础上，我们可以适当地再设置一些升级任务。升级任务的要求更严格，挑战更大，更消耗时间和精力，但是带来的收获也会更多。这样的话，我们的持续行动就能更有灵活性。如果某一天我很忙，身体也很疲惫，那么在完成底线任务并确保质量合格后，也可以选择安心地睡觉，不必觉得内疚。如果哪一天时间富余，那么我可以做更多难度大一些的事情。

一个月后，我们可以统计一下自己在过去 30 天内，有多少天只完成了底线任务，有多少天在挑战升级任务，计算一下比例，在后续行动中，不断优化这个比例。经过一段时间，当行动能力增强以后，我们可以增加底线任务的内容，把原有的升级任务纳入其中，变成底线任务，不断提高挑战任务的难度。

用这个方法让自己开始写作

运用底线思维，我们更容易让自己开启目标任务，做一直以来想做而不敢做的事情。

以写作为例，假如你对自己的写作能力评价很低，那最开始的基础任务就是每天写 200 字。即使是一个写作能力很差的人，每天写 200 字的难度也不大，再不济把埋怨自己不会写作的想法写成文字，也能完成任务。例如，你可以这样开始。

我是一个写作能力很差的人，从小就很讨厌写作文。在上中学的时候，我只要拿到作文题目，整个人的身体就不听使唤了，考试的时候一直在发抖，大脑一片空白，根本不知道要写什么。我觉得自己没有什么观点，也不会什么好的表达方式，只能逼着自己把一些零零碎碎的想法罗列出来，更没什么逻辑可言。哪怕写 200 字，我也要憋半天。

搞定！当你以前从来没有完成过写作任务的时候，这 200 字就是你的开篇之作。不要有任何怀疑，也不要觉得自己写得不好，因为你已经迈出第一步了。在此基础上，你可以尝试给自己升级挑战任务。

任务 1：如果时间充裕，你又有想法，就写 500 字。

任务 2：如果心情特别好，时间也足够，就写 1000 字。

在刚才的 200 字案例中，你只写到自己写作能力很差的事，那是在写过去。如果你要写 500 字，你可以同时把过去和现在都写下来。比如我们在前面 200 字的基础上，再加 300 字。

但是，在阅读了 Scalers 老师关于持续写作的观点以后，我受到一个很大的启发——即使我现在不会写作，但是只要我做出努力，以后还是有可能会写的。如果我一直写，还是有机会提升的。虽然我感觉自己基础很差，但是如果连写都不写，那肯定就只能一直差下去。如果我尝试每天写一点儿，也许可以提高熟练程度。当然也可能我基础太差，不好挽救，进步也不明显。但是这也没什么大不了，最差的情况也就是和以前一样差，我也没什么损失。所以我觉得还是可以动手试一下，每天把自己的感想写出来，虽然可能不会有什么非凡的见识，但是毕竟它来自自己的生活。如果一直写我的生活，我相信应该不会没有话题写。那就试试看吧，就当这是我的第一篇文章了。

这一段加上前一段，就可以组成一篇 500 字左右的小短文了。如果你正好有空闲，可以尝试在 500 字的基础上，继续扩展到 1000 字。要注意，200 字的篇幅只够你写一个小观点，比如"我觉得自己不会写作。"500 字可以让你延展到两个小观点，比如"虽然我自己不会写作，但是考虑到持续行动的重要性，我决定开始写。"如果再扩展到 1000 字，你可以用这样的思路继续写下去，比如"我决定尝试写更多的文字，而且现在有三种方式让我的写作内容更饱满。"

经过一个月的行动后，你就能发现过去一个月的每一天中，有 20 天你写了 200 字，有 5 天写了 500 字，另外 5 天写了 1000 字，这就是你的起点。那么你下个月就增加些难度，比如要求自己每天写 200 字满 15 天，每天写 500 字满 10 天，每天写 1000 字满 5 天。增加量也不算大，相当于有 5 天需要每天多写 300 字，一个月多写 1500 字而已。

不要小看这 1500 字带给你的变化，因为你会从中获得双重的信心。一方面是你完成了自己设定的任务，这能带给你言出必行的成就感；另一方面是你完成量增长的趋势会给你很多信心。朝这个方向努力，不用很长时间，也许半年后，也许是三个月以后，你就可以每天写 1000 字了，这取决于你在行动当中实际感觉到的变化（见表 1-1）。

表 1-1 底线任务、升级任务、挑战任务与难度级别的对应关系

	第 1 个月	第 2 个月	第 3 个月	第 4 个月	……	第 N 个月
底线任务：每天 200 字	20 天	15 天	10 天	5 天	……	0 天
升级任务：每天 500 字	5 天	10 天	10 天	15 天	……	0 天
挑战任务：每天 1000 字	5 天	5 天	10 天	10 天	……	30 天

获得正面的反馈时，我们会倾向于加大投入，以加快获得反馈的速度。这就像人们看到一项投资产品持续上涨时，就继续加大投资力度一样。正面反馈是会不断加强的。

慢慢写，持续写，才能快起来

当然，写作质量的好坏不能完全凭字数判断。鉴于我们刚刚起步，字数依然可以作为一个非常有用的量化指标。但是，很多人没有这样循序渐进地操作，而是反其道而行之。

曾经有一位读者给自己制订了一个"30 天内每天写 2000 字"的计划，而他此前没有任何写作习惯。一般来说，30 天的计划在执行者充满激情的情况下是能实现的。但是，当一个人平时根本没有写作的习惯，也不经常思考问题，一开始就每天写 2000 字，就像唱歌时一开口就把调子起高了，属实是为难自己。

从每篇文章质量的变化就能看出，他心有余而力不足。第一周的文章还有点儿见地，行文认真，结构清晰。过了两周，文章开始出现敷衍的痕迹。这时的文章通常开篇是一堆用来发泄负面情绪的碎碎念，用各种方法凑字数，文章讲了两三个话题但是也没有展开，结尾时把一个意思的内容用不同的表达形式多写了几遍。

每个人在自我欺骗的时候，都是绝世高手。我劝过这位读者不要把步子迈太大，但是对方拒绝接受我的建议，说自己制订的计划一定要完成，仍然用 30 天时间把任务强行扛了下来。但是，他犯的错误是对自己的能力没有客观的判断，制订的计划不符合真实情况。这个时候，靠打鸡血支撑执行力反而会造成更大的消极影响。到第 30 天的时候，这位读者的文章质量不仅急速下降，还对写作产生了厌恶情绪。

其实从来没有养成写作习惯的人，就算受到再多"通过写作完成自我改变"这类故事的刺激，也不宜乱下决心搞"跨越式发展"。哪怕是做同一件事情，每个人的基础也不一样，有的人只要打个地基就能从平地开始盖楼，而有的人必须先把泥塘里的水抽干，把坑填平，才能开始打地基。

循序渐进是持续行动的最佳方式。给自己设置底线任务，然后不断调整和加强，可以破解大多数行动难题。读书读不下去，那每天读一页总可以吧？再不济，每天读一段也行。只要可以保持每天读一段的状态，阅读能力就可以实现提升，比如第一天读一段，第五天应该可以读两段，第八天甚至可以读四段了。用不了多长时间，自己的阅读量和阅读速度就能大幅提升。

持续加码练习《新概念英语》

我曾发起过一个《新概念英语》朗读训练活动，每天学习一段《新概念英语》朗读材料，一年为一个周期。2024 年，这个活动已经进入第十个周期。我运用了"底线思维"的方法，设计了从 L0 到 L4 共五个难度的行动任务等级。

L0：朗读专项练习；

L1：音标专项练习；

L2：听力专项练习；

L3：表达专项练习；

L4：总结复盘。

练习建议：

全体成员：L0 必做，坚决完成；

平时很忙的人：L0+L4；

略有时间的人：L0+L1+L4；

自我要求高的人：L0+L1+L2+L4 或 L0+L1+L3+L4；

顶配行动者：L0+L1+L2+L3+L4。

这样一来，每个人都能看到一个清晰的任务升级阶梯，同时可以明确自己的底线任务。如果某天实在很忙，只要完成基础任务，就能保持持续行动的节奏。在成长的道路上，一分耕耘，一分收获。

看到这里，我相信你会明白，持续每天做一件事情，其实完全是有可能的。我们只要打开视野、合理安排、精心设计、全面统筹，就能掌控自己的行动节奏。渐渐地，你会发现自己的生活发生了改变。

你和他的差别在于脑力

我经常在社交平台上发起抽奖送书活动。有一天，小明中奖了，我们有如下对话。

我："小明，你好，请把你的收件地址发给我。"

小明："北京市 ×× 街 ×× 号 ×× 楼。"

我："请告诉我你的手机号码。"

小明："135××××××××"

我："请问收件人是？"

小明："哦，是我。"

同时中奖的还有小婷，我和小婷的对话如下：

我："小婷你好，请把你的收件地址发给我。"

小婷："北京市××街××号××楼，135×××××××××，小婷。"

我与小婷沟通的效率明显更高。为了获得完整的收件信息，和小明对话需要问三个问题，而小婷只用一句话就回答完毕。你更喜欢哪种沟通方式？

有的人会说，必然是小婷，做事干脆，废话少，一步到位。但是，也会有人会为小明辩解：你明明是问收件地址，小明按要求给你了，是你没有问清楚，不能怪小明。这样说好像也挺有道理。

做事多动脑，说话不争吵

沟通行为一定是出于某种目的而发生的，哪怕闲聊，也是为了消遣。我与小明、小婷的沟通目的是拿到收件信息。生活常识告诉我们，寄快递需要收件地址、收件人姓名和手机号码。如果有人问你收件地址，哪怕没有提到收件人姓名和手机号码，理论上是不是也应该一次性都提供给对方？这样不仅不用来回对话，还便于对方在邮寄时复制粘贴信息。何乐而不为？

不过，如果真要从某个方面为小明辩解，就可以说，沟通的时候，不能过分依赖常识，否则就会陷入"知识的诅咒"——以为别人知道的信息和自己一样多。也许小明真的不知道寄快递需要填写手机号码，这也不是不可能的。如果我意识到这个方面，那么再遇到小明这样的读者，肯定会把开场白改成这样：

"××你好！请把收件地址、收件人姓名和手机号码发给我。写在一行，用空格隔开即可。"

有了明确的要求，小明就能像小婷一样把完整信息一次性发过来。这让我想到电商客服的自动回复，想必也是经过无数用户反复咨询后"沉淀的结晶"。

通过这个例子，我们还可以想到，人和人之间的沟通很容易出现意料之外的情况。哪怕只是简单的信息询问，也可能横生枝节。假如我脾气暴躁，刚才的对话可能就会是另一番模样。

我："小明你好，请把你的收件地址发给我。"

小明："北京市××街××号××楼。"

我："我说地址你就真只发地址啊！手机号呢？"

小明："是你让我发地址的啊！135×××××××。"

我："光手机号就够了啊，收件人姓名呢？有没有收过快递啊？"

小明："你送本书就了不起了吗？书不寄给我那寄给谁？"

你看，问个地址都能吵起来。这样的对话在社交平台上经常发生。陌生的两个人初次对话时，一旦其中一方挑剔苛刻，双方就更容易因为小事产生分歧、争吵，最后互相删除。就这个话题甚至可以写很多爆款文章，比如"情商很重要，好好说人话""职场需要眼力见儿，多做一步晋升快"。

但是，我们应该再多想一步：小明没有思考收件地址的含义究竟是什么，而是按照字面意思，只发送了地址。提问者也没有思考，提问的目的到底是什么？提问方式是否有产生误解的可能？

如果我们都在说话做事的时候，多想一步，那该有多好。

做事多动脑，你好我也好

我们为什么不愿意思考？思考时大脑会快速运转，加工信息需要消耗很多能量。进化心理学的研究表明，尽管人脑重量只占总体重的 2% ~ 3%，但是大脑消耗的卡路里占全身消耗总量的 20% ~ 25%。

对话双方如果都不愿意思考，就没法好好沟通，交流就会出问题。所以有时你会感慨，为什么和某个人说话这么累。但凡有一方稍微愿意多付出一点儿脑力，打破僵局，结果完全不同。看到对方问收件地址的消息时，小明如果想：

现在他问我收件地址，要送我一本书，应该是要寄快递。虽然只问我收件地址，但是我应该给他完整的寄件信息。我若用一条消息写好，也方便他复制。虽然他没问，但是根据前因后果，我想到这一步，就可以提前做。

假如小明这么想，然后照这样做，小明就变得像小婷一样高效。换一个角度，提问的我也多想一步：

问对方收件地址，对方会不会就只给我地址？我是不是应该把信息说清楚，请对方同时提供手机号码和收件人姓名？万一他很忙，回复完一条信息就放下手机了，那我还要再等半天，不如一次性把要沟通的信息都告诉对方，这样也方便对方知道我的需求。

假如我也多想一步，那我就不会在提问的时候偷懒，只问收件地址了。

如果在一次交谈中，双方都愿意为彼此多考虑一些，那么这场对话的沟通效率就会相当高，不仅节省时间，而且沟通体验也很好。当一个人做事经过了思考，这份用心也很容易让对方感受到。但是，如果对话中的任何一方都不愿意多付出脑力，为对方多思考，时间就会消耗在一次又一次的无效沟通中。

最极端的情况就是答非所问的拉锯战，警察审讯时的问话就是典型案例。犯罪嫌疑人往往会有侥幸心理，在面对讯问时，必然百般隐藏。审讯人员还需要使用特殊的问话技巧，才能让对方说出真相。即使是家庭生活中的日常对话，如果一方不好好说话，也可能引起家庭矛盾。

　　既然如此，在生活中与人相处时，什么样的交往策略对我们最有利？在日常生活中，大部分人都是不愿意花费脑力的。我们如果愿意主动投入，不吝惜思考，充分发挥脑力，那么与对方的沟通将是最省事的。在与人相处的过程中，我们如果多花些心思，就会让对方感到舒服。当对方觉得与我们沟通顺畅时，也会呈现出善意，沟通氛围就会十分融洽。做事多动脑，你好我也好。

　　这就是长辈教育我们从小就要与人为善的重要原因——减少我们在社会中的生存阻力。先存钱，才能取钱。我们先对他人释放善意，别人才会对我们的善意予以回报。即使我们不期待对方的回报，至少也会减少我们说话做事时遇到的阻力。

有脑力，才会有财力

　　如果我们善于运用脑力，就可以从对方的表达中听出他在哪里使用了智慧。当我们变成内行，也会敏锐地发现身边其他内行的存在。当我们真正棋逢对手时往往会有惺惺相惜之感："哦，原来你我是同类人。"

　　说到底，人和人的差别就在于，花了多少脑力去琢磨一件事情，包括时间、精力、意志、努力等所有层面的投入。如果我们从小到大不接受任何教育、不受任何思想指引、不投入任何脑力做事，只由自己的本能驱动，那么我们大脑的高级功能便得不到充分开发。想变得与众不同，就意味着我们需要投入大量的时间和精力来磨炼自己，这些都需要脑力。

在未来的人工智能时代，如果我们缺乏充足的脑力，那么某些低脑力要求的工作也许就会被人工智能代替。假如我们愿意持续开发自己的脑力，做一个富有脑力的人，那么我们就不用过于担心时代变化对自身可替代性的影响，而是受益于富有脑力，最终生活富足。

有的人财富自由，不怕花钱，从而以钱生钱，实现收入的稳定增长。脑力富人因为脑力充沛且不怕投入脑力，所以大脑越来越灵活，在领域内的学习中触类旁通。请大家在生活中积极提升脑力，因为较强的脑力有助于我们穿越行业发展周期，更好地应对行业变化。即使面对个人资产的波动，也无所畏惧。大脑里的智慧虽然不能直接成为银行卡里的余额，但一定能为我们创造更多机会，间接地改善经济状况。

人和人的差别的确体现在脑力上，就像人的财富差距一样，在一定程度上影响着人发展的可能性。在信息时代，科技实力是国家强弱的重要标志；同样，在信息时代，脑力水平也极大地影响着我们的前途和命运。

只要能到达，哪怕是弯路

很多人害怕走弯路，而我却觉得不必害怕，因为弯路不可避免。

这里的弯路并不是指"误入歧途""违法犯罪"这种原则性的问题，而是指成长过程中因为害怕白白付出而不想走的弯路，这种害怕就完全没有必要。

不走弯路就像中彩票一样难

害怕走弯路的说法中暗含了一个假设，即从现状到目标的两点之间有一条"最短路径"。从几何原理上来看，两点之间线段最短，其余所有的路径都更长。如果我们不走弯路，那么就只能走两点之间的线段。但是，两点之间的道路何其多，我们一次性走出最短路径的难度就像中彩票一样大。生活中总会出现各种干扰，我们总是会时不时偏离预定的方向，跌跌撞撞走到终点，不可避免地要走弯路。

我刚刚学会骑自行车的时候喜欢炫技，特意把车骑到花坛的水泥围栏上。围栏不高，只有一掌宽，在上面骑车，车头必须很稳，稍有不慎，就会摔下来。害怕走弯路就类似于这种时刻担心掉下来的感觉。如果你的目标是千万不能走弯路，那注意力会全部放在对"是不是弯路"的判断上，完全顾不上着眼前方的路。

　　再短的道路，只要出现偏差，就会变成弯路（如图1-2所示）。太过于在乎有没有走弯路，其实是吃力不讨好。生活经验告诉我们，为人处世不能处处想着占便宜。那为什么在进步的道路上，就想坚决不走弯路呢？路弯一点儿没有关系，并不妨碍你最终到达目的地。

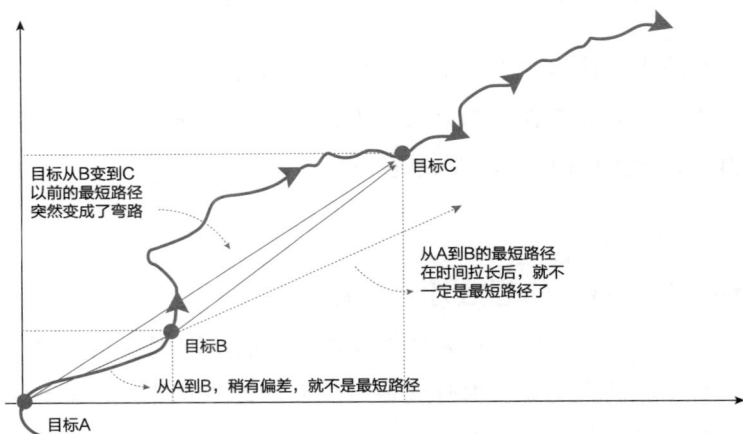

目标从B变到C以前的最短路径突然变成了弯路

目标C

从A到B的最短路径在时间拉长后，就不一定是最短路径了

目标B

从A到B，稍有偏差，就不是最短路径

目标A

图 1-2　不同的目标有不同的路径

　　再退一步讲，假如你运气"爆棚"，开局一点儿弯路也没有走，你以为能直达目标，但只要目标稍有改变，原来看似最短的路还是会变成新的弯路。而改变必然是会发生的，即使现在抄了近道，未来再回头看，可能会发现自己还是走了弯路。因此，干脆不

要再纠结是否走弯路了。如果我们不断往前走，那么每一次尝试就都是有意义的，只不过有些意义，不是我们当下就能意识到的。

史蒂夫·乔布斯在斯坦福大学演讲时提到，自己年轻的时候学习书法，研究字体怎样设计更好看，那时并不知道学了有什么作用，但是仍然学了。十年后，乔布斯在他设计的第一台电脑上，把所学的技能，包括字体设计全部应用于其中，创造出了第一台使用漂亮字体的个人电脑。乔布斯说，你无法预先把现在所发生的点点滴滴串联起来，只有在未来回顾时，你才会明白这些点点滴滴是如何串联在一起的。

有的人会认为，学一个看起来没有用的技能，不仅是不务正业，而且是走了弯路。但是实际上，你现在走的一条弯路，可能正好是你人生蓝图中的点睛之笔。

"不能走弯路"的想法才是弯路

那么，会不会存在有人帮你少走弯路的情况呢？我们学习知识、与不同的人交流，本身就是一个少走弯路的过程。如果你想学飞行器设计，不需要自己从头开始设计一架飞机，教材可以告诉你航空发动机的原理。如果想学计算机技术，你也不需要从头开始设计编码规则，教材会告诉你什么是补码，什么是反码。前人总结的经验，能让我们少走很多弯路。

但有趣的是，面对这些已有的知识和道理，我们往往置若罔闻，甚至故意忽略这些知识，执意寻找自己认为的捷径。我们折腾半天，花费了时间、精力、钱财，最后才发现宝藏原来就在自己最熟悉的地方，只是以前从未注意过。

我们希望少走弯路，本质上是想要提高效率，加快成长的速度。如果自己不花费脑力、不思考、不亲身体会，就算有人指着捷径对你喊破嗓子，你可能仍然会坚持自己的道路。踏踏实实前行吧，既然踏上了这条路就不要痛苦纠结，而要去享受探索的过程。总结复盘探索中的每一处细节，把每一次教训都铭记于心，凝练成自己的行动智慧，才是有效的解决方案。

不想走弯路是美好的心愿。当有人告诉你"我可以帮你少走弯路"的时候，的确会给你一种确定感。但是当你盲目听信他人，开始尝试避免走弯路而不是专注于自己的目标的时候，你可能就已经在走弯路了。

比起走弯路，我更害怕无路可走。只有在一成不变的世界里，最短路径才是有效的。在瞬息万变的时代，只有你自己走出来的道路，而没有所谓的弯路和捷径，因为人生这条路，时而弯曲，时而笔直，但是都是我们自己的路。

做一个充满行动力和脑力的人，你就不会害怕走弯路。你如果有充足的脑力和行动力，那么就可以勇敢地克服所有阻挡你前行的困难。田间小道弯弯曲曲，但是如果我们开的是坦克，就可以把羊肠小道直接碾成平坦大路。

成长的捷径就是迎难而上，成长的弯路就是找捷径。

100天

如何快速进入一个新领域

第二章

养成持续行动的良好习惯

习惯是我们在日常生活中经常重复并自动触发的行为模式。好习惯就是对我们个人成长和生活质量有积极影响的行为模式，能够帮我们更高效地完成工作，有助于实现长远的目标，提升幸福感。好习惯是我们成事的基石。一个人的成长，一定是好习惯逐渐增多、坏习惯越来越少的过程。

习惯的本质

我们可以从自动程序、大脑结构和身份意识三个方面来认识习惯的本质。

1. 自动程序

习惯就是我们在大脑里形成的自动程序。这种程序会在特定场景下自动激活，引导我们完成一系列动作。这就使得我们在面对日常生活事务时，无须过多思考就能自动执行，节省我们的时间、精力。

早上起床后，自动程序引导我们刷牙、洗脸，完成一系列出门前的工作。这些动作会反复执行，我们不用专门动脑去想，就能自发地掌握每件事情的动作要点。这就能体现习惯的重要作用。

在工作中，我们遇到特定问题时，会下意识地采取一些固定的应对策略，这些都需要靠大量训练形成习惯。被誉为"篮球之神"的迈克尔·乔丹每天都要进行大量投篮训练，在大脑中生成了一套固定的投篮"自动程序"。这种行为模式一旦形成，便能在无须过多意识干预的情况下自动执行，极大地提高投篮效率。

自动程序是我们对环境刺激做出的第一反应，是自动触发并执行的行为模式，具有强大的影响力。习惯能够迅速地、无意识地影响我们的行为。

2. 大脑结构

习惯的形成与大脑的结构和功能密切相关。当我们重复某个行为时，大脑中相应的神经连接会得到强化。这种强化使得行为变得更加自动化，更容易在未来被触发。

当一个行动反复被执行，大脑便会"编码"这个行为模式，并将其存储在基底神经节中，最终形成一种"自动程序"。

前额叶皮层负责行为的管理与控制。当我们形成新习惯时，前额叶皮层先发挥作用，让我们"刻意"去做某事。但随着时间推移，重复的次数足够多，行为的管理任务就逐渐转移到基底神经节中。不再被前额叶皮层管理以后，行为变得无意识且自动化，这就是"习惯成自然"。由此我们的大脑神经回路就通过新的行为改变以及重复练习，被重新塑造。

除此以外，我们的杏仁核还会通过调节多巴胺的水平，让我们受到奖励。我们完成目标、形成习惯、动作变得更自动化时所获得的成就感与满足感，就来自多巴胺带给我们的积极体验。

3. 身份意识

习惯不仅仅使行为自动化，而且还能够帮助我们塑造身份意识。当我们持续做一件事情时，最终会将其看作自己的一部分。我们通过习惯来表达自己是谁和想成为什么样的人。这种身份认同反过来会巩固习惯，使我们更容易坚持。

一个坚持健身的人会认同自己是健身爱好者，这种身份认同会进一步强化他健身的习惯。一个坚持写作的人，他不仅仅是在重复写作这个动作，还会逐渐认为自己是一个作者甚至是一个作家。良好的习惯帮助我们定义和塑造自我，成为我们希望成为的人。

最后，习惯也与我们的价值观和行为准则相关。我们通过习惯来定义自己，告诉自己"我这种人，应该做……，不该做……"。这种认知有助于我们维持与自我定义一致的行为模式，形成稳定的个人身份。

养成习惯的三大关键

如果你想养成好习惯，福格行为模型提供了一个简单而强大的框架，帮助我们理解和设计行为改变。这个模型基于三个核心要素：动机、能力和提示。三者相互作用，才能让行为发生改变。

1. 动机：想不想做一件事

动机是行动的驱动力，包括内在和外在两方面。内在动机包括我们的需求、好奇和兴趣，源自我们的内心，是我们对某件事情的自然渴望。例如，对健康的需求驱使我们开始锻炼，对新知识的好奇促使我们阅读。

外在动机则包括奖惩、期望和诱导，主要来自外部环境，如社会认可、奖励或者避免惩罚。例如，为了获得奖金而加班，或者为了维持"人设"而发布打卡动态。

2. 能力：能不能搞定一件事

即使动机再强烈，如果一个人没有能力搞定想做的事情，行动仍难以持续。能力大小取决于两个要素：事情的难度和掌握的技能。如果一件事情对我们来说太困难且技术难以实现，我们可能就不会去做。相反，如果我们认为事情比较简单且自己具备完成这件事情所需的技能，我们就更有可能采取行动。

在这个场景下，我们就可以通过简化任务，让行动更容易执行，以及通过学习和训练，提高完成任务的能力水平。

3. 提示：及时触发行动

即使有足够的动机和能力，若没有合适的提示，行为可能仍然不会发生。提示是触发行动的信号。当我们看到信号的时候，就可以开启我们相应的行动。

行为提示表现为做了一件事，马上就做另一件事。比如吃完饭，马上收拾桌子洗碗；参加完一场讲座，马上写下复盘和总结；读了一本书，马上提炼出核心观点，发一条朋友圈。我们可以找出自己生活中的一些常规行为，将想要养成的新行为与这些常规行为建立联系。

认知提示则表现为看到一件事，马上就做另一件事。比如，看到一个金句，就立刻在本子上记下来，以此不断积累写作素材，提升写作能力；睡前将水杯放在床头，早上起床后看到水杯就马上喝水，以此让自己多喝水。除了视觉提示，还可以利用听觉提示，比如让闹钟来提醒自己按时做某事。

4. 行为 = 动机 × 能力 × 提示

福格行为模型的核心公式是行为 = 动机 × 能力 × 提示。这意味着只有当动机、能力和提示这三个要素同时存在时，行为才最有可能发生。如果我们想要改变一个习惯，就需要在这三个方面下功夫。

如果想要养成每天阅读的习惯，我们可以从增强动机（设定合理阅读目标、加入读书会），提高能力（选择感兴趣的图书、安排固定阅读时间）和设计提示（在床头放一本书、用闹钟设置阅读时间提醒）三个方面入手，多种方法一起使用，养成良好的行为习惯的成功率就会更高。

兴趣是最好的老师，但老师不在怎么办

"我5岁的女儿最近突然对奥数很有兴趣，每天都让我给她讲题目，不知道怎么回事。"我和朋友们聚餐时聊到奥数的话题，当大家七嘴八舌都在回忆自己当年学奥数有多辛苦时，有位"学霸"朋友淡淡地说了这句话，空气瞬间变得安静。

家长才是起跑线

"涉数未深"的孩子，哪有什么"奥数"的概念？女儿喜欢奥数，背后一定存在"有心机"的家长。也许家里摆满了与奥数相关的书，也许爸爸是奥数迷。女儿目之所及都是数学，耳濡目染，终于对奥数有了兴趣。如果继续保持这份热情，相信等小姑娘长大后，和同龄人一起学奥数时，别人做奥数题可能会绞尽脑汁，但她就可能信手拈来。孩子的成长过程就像一辆列车的行驶过程，父母负责修铁路，孩子是小火车。铁轨铺得好，火车顺着跑，才能跑出好未来。

因为持续写作，我认识了很多年轻有为的朋友。这些朋友大部分和我年龄相仿，有的甚至比我年轻很多，而其取得的成就之高，让我自惭形秽，不由得感慨人和人的差距真大。

不过在了解到他们的成长经历后，我发现他们之间存在一个共同点。在 30 岁左右就做出远超同龄人成就的人，刨除时运的因素，小时候都有幸得到过长辈的熏陶和引导。

有的人，爸爸是电子工程师，曾在 20 世纪 90 年代不惜花重金购买电脑，培养还在上小学的他学习编程，现在他已经成了高新技术企业家。有的人，接受口译员妈妈的指导，从初中开始学口译、练英语，英语水平远超同龄人，现在是一名外企高管。这些长辈提前给孩子培养了一项技能，当其他同龄人还在努力挣扎学习的时候，他们早已超前完成技能学习。

很多人说，不要让孩子输在起跑线上，但是孩子的起跑线其实是家长。家长以身作则，引导得好，孩子就会认为学习本来就是这个样子，其有关学习的"痛感阈值"很高，不会轻易认为学习是一件痛苦的事。对于小孩子来说，他们哪知道什么知识难、什么知识简单，只是模仿自己父母的学习态度和学习模式。

人类文明与技术成果的薪火相传，靠的就是一代一代人的学习与实践。把知识学进大脑，就像往硬盘输入内容，盘片飞快地旋转，磁头正在把数据一点点写入其中，吱吱作响。这响声就是我们舒适区坍塌的声音。在这个过程中，既有学有所得的欢喜愉快，更有突破舒适圈的汗水辛劳。

如果有人在成长早期引导我们，激发我们的兴趣与热情，让我们对苦难有更强的耐受性，那么面对这些苦难时，我们反而就能乐在其中了。

从这个意义来讲，兴趣是最好的老师。兴趣提供了天然的内在动机，让我们能乐此不疲地钻研下去。兴趣带给我们面对未知的勇气，伴我们渡过学习的难关。

兴趣很好，但是并非万能

一个人做事的动力，只能是兴趣吗？如果没有兴趣，怎么办？

如果一个孩子不能长时间集中注意力，不爱学习，不懂事，不讲道理，那就需要有一个好老师，以孩子能接受的方式引导他、激励他、带领他，让他循序渐进地取得进步。在这个过程中，孩子渐入佳境，在快乐学习的同时还能天天进步，这是多么美好的事情啊！

但是残忍的事实是，大部分人在一生中并不会遇到这样的好老师。好老师可遇不可求，在通常情况下，我们遇到的老师都只是勤勤恳恳、认认真真、默默工作的教育从业者。

换一个角度来看，我们能不能自己培养兴趣呢？如果不依靠兴趣，是否也能动力十足地做事呢？兴趣会激发一个人的动力，不仅孩子要靠兴趣学习，成年人也不例外。你之所以翻开一本书或点开一篇公众号文章，可能是因为封面或标题引起了你的兴趣，但兴趣的背后，到底是真的求知欲，还是一时兴起呢？

2015 年，我刚做社群不久，成立了一个机器学习小组。那个时候，人工智能开始掀起热潮，很多人蜂拥而至，纷纷报名，表示自己很感兴趣，想一起学习新技术，走在时代前沿。

刚开始学习时，内容简单，大家热情高涨，每天在群里热切讨论，言语间洋溢着幸福感。然而，进度还不到第三章，学习难度陡然增加，大家的学习热情就像被一盆冷水瞬间浇灭。起初大家还会经常讨论作业怎么做、公式怎么推导，进入编程学习之后，小组群里说话的人就少了，甚至连问题都不提了。等到要交作业的时候，回应的人更是寥寥无几。

不过，真有小伙伴坚持下来了。社群里有一位女生，受到小组的影响，开启了机器学习的钻研之旅，从简单的知识入门，持续学习，不断进阶。之后，她还应用机器学习技术完成了硕士论文，并且得到了深圳一家互联网巨头公司的高薪工作，成功转行。这个过程只用了不到两年的时间。每当我在线下演讲中分享她的案例，说到机器学习时，大家都没有反应；说到成功转行时，大家会抬头看我；说到她的年薪时，所有人的眼睛都亮了。

不以兴趣的名义"耍流氓"

现在很多人说自己对做某件事情有兴趣，也许只是觉得做这件事能赚钱，而且还期待它最好可以快速变现。但当他们在尝试后发现钱赚得没有预想中那么快、那么容易，就会立刻丧失兴趣。这根本就不是兴趣，只是冲动。很多兴趣爱好的确可以用来赚钱，但是钱不会来得那么快，因为兴趣爱好发展成个人技能需要时间。

我们在做事时应该理性思考，在前进的道路上需要解决什么问题以及用什么样的方式解决，而不是只拿兴趣说事，全凭心血来潮，这是很不靠谱的行为。在持续行动的道路上，兴趣只能作为原动力"退居二线"，理智和行动才能扛起实现目标的大旗。我们要做什么，就竭尽全力去做，不以兴趣为由给自己设限，这样才能获得更大的自由。

再退一步，假使你非常幸运，做的事情正好是自己的兴趣所在，但你沿着这条路走下去，总有一天你会发现自己进入上升的瓶颈期，兴趣消退，困难增加。在任何领域，兴趣只负责开局，而要把水平提升到一定高度，努力和付出必不可少，痛苦、迷茫也必定伴随其中。

我中学时对英语很感兴趣，经常想象自己做同声传译的帅气模样。因此我在大学期间自学口译，练到想吐，眼前的英文单词仿佛都变了形。那个时候我不知道"持续行动"的理念，唯一想的是，一定要坚持下来。幸好我没有放弃，当时通过英语口译练习积累的能力，在我后来的个人成长中发挥了重要的作用。当你需要攻坚克难的时候，兴趣提供的动力会慢慢被削减。你需要考虑的是，什么样的力量能让自己走得更远。当兴趣动力不足时，就需要有一套完备的行动系统来支撑。

一个人从持续观望到开始行动，兴趣发挥了重要的引导作用。而在行动了 10 天之后，面对持续 100 天的挑战时，最初的激情退去，兴趣被重复的工作代替，动力就会慢慢消退。很多人在这个阶段开始想要放弃，以自己也许不适合做这件事情进行自我安慰。但是如果你只花 10 天做一件事情，几乎不可能取得明显的成就。我们能不能穿越从持续行动 10 天到持续行动 100 天的迷雾，就看这个阶段我们怎样和自己对话。

兴趣是最好的老师，如果没有老师，我们也可以自学成才。

改变是怎样缓慢发生的

人到一定年龄就会开始脱发，然后慢慢变秃。这是许多人难以避免的一种"扎心"的改变。

掉多少根头发才显秃

如果一个人从满头秀发开始慢慢掉头发，掉到什么程度，我们就可以说他已经秃了呢？

我们先设定一个参考值，比如头发少于 20000 根就算秃头了。这个判断标准是否合理呢？

如果一个人有 20001 根头发，按标准来说，他不算是秃头，毕竟 20001 大于 20000。但实际上，20000 根头发和 20001 根头发看上去并无区别，所以有 20001 根头发也算秃头。

那如果再往上加呢？20002 根、20003 根、20004 根……你会发现，好像并没有什么差别，如果一直加下去，当加到 99999 根的时候，就不算是秃了。

在头发不断脱落的过程中，我们很难找到这样一个精确的数值门槛，一旦跨过去就是秃头。事实上，人往往掉着掉着头发，就越来越像一个秃头了。这就是"秃头悖论"。甚至可以说，当你感觉自己像秃头的时候，其实已经秃了很久了。

成长中的很多事情，和脱发的原理一样：最开始的变化不明显，渐渐地，某一天就实现了质变。改变就是这样慢慢发生的。

练好发音，听力竟然也有进步

我曾经带过十期英语发音课，每次持续一个月，只练一篇文章。我每天讲课半小时，带练两句话，重点关注音标，一个月就可以完整地练一遍英语音标的发音。在课程开始前，我会让学生朗读文章，并自己录音保存；在这一个月的课程中，学生每天练习一小时英语发音；到课程结束时，我会让学生再录一段朗读音频，并且和开课前的录音进行对比。绝大多数同学对自己的进步难以置信，没想到一个月的变化那么大，表现好到完全不敢相信那是自己。

同学们不仅发音有进步，英语听力水平也提高了。不管是看美剧还是听英语新闻，即使语速很快，大家也比以前听得更准确。而这一个月，大家并未专门练听力，这让很多人感到意外。原因很简单，你如果把英语音标练好了，就能提高你对发音的识别度。当你能正确地发出一个音，自然更容易听清这个音。

在这一个月的英语发音练习中，我唯一做的就是引导所有学生以不急不躁的心态每天持续练习，并且在大家情绪消极的时候及时干预。只要能跟着课程持续练习下来，最终的结果必然有所突破。并不是因为我教学水平有多高，而是很多人以前从来没有这样踏踏实实地做过练习。只要大家耐着性子慢慢做，就能见证时间带来的改变。

关于学习成长，我一直相信一个道理：一步一步走，戒骄戒躁，稳扎稳打，只要持续时间足够长，自然能看到显著的变化，甚至还有可能超越预期。

持续行动，改变靠的是涌现

在复杂系统理论中，有一个"涌现"的概念，指的是当你把许多不同的部分组合成一个整体时，整体会出现不属于任何一个部分的新属性。用最直观的话来解释，就是 1+1 ＞ 2。

人的意识就是一种涌现。大脑结构中并没有一个组织对应意识，但是上千亿神经元相互作用，就涌现了意识。大脑的每一个部分都参与意识形成的过程，但是意识却不属于大脑的任何一个部分。意识和大脑各个部分的运作，分别属于两个不同的层面。

蚁群的智慧也是涌现。一只蚂蚁看上去很弱小，但是成千上万只蚂蚁形成的蚁群却可以协作完成复杂又充满智慧的工作，比如找到通往食物的最短路径，建造庞大而精密的蚁穴。

涌现的两个重要特点在于：涌现是在更高层次出现的新属性，不属于原有层次的任何一个部分；涌现得益于原来层次的每一件事情都做得很好。

如果单个神经元不做好电位传导，单只蚂蚁不做好协同工作，人的意识、蚁群的力量便无法涌现。以此类推：我们想要拥有的能力、向往的进步，往往是涌现的结果。甚至可以说，任何无法通过简单步骤获得的能力，都需要由涌现实现。

想说一口流利的英语，无法通过"3个步骤立即实现流利表达"的方法达成。想快速瘦身，也无法通过"5个步骤马上减掉10斤"的方式减下重量。人不会一夜变胖，也不能一夜变瘦。像写一手好字、能写好文章、做事干练高效，身材好、气质佳、思维敏捷、逻辑清晰等令人羡慕的特质，其实都无法通过简单、具体的几个步骤很快获取。这些都是涌现带来的结果。

高一层级的涌现要发生，必须要经过原来层级大量工作的投入，而持续行动就是让你扎扎实实做好每一件事情。在英语课上，大家每天认真练习，努力完成作业，坚持一个月后，发现自己在英语发音和听力方面都有进步，就是经历了一次小小的涌现。如果真的要问具体是哪一天发生了变化，就像问掉头发的人哪一天变成秃头一样，没有具体明确的答案。

明白这一点，我们就可以安心地做好一件事情，只要持续的时间足够长，改变就会涌现。

如果生活值得过，就值得记录

　　我喜欢写作，经常把复盘内容、自我对话等思考过程呈现在纸上，然后再跳脱出来分析，把分析的过程和结果也写下来。这种写作像解题，不仅要得出一个答案，还要把解题过程写出来。

　　如果写作纯粹只是为了记录，就会变成流水账，只有加上分析，才能体现你的思考。只有你进行思考，新的想法才能从脑海里生长出来。这样写文章就像做实验，要设计实验内容，记录操作步骤，观察并收集足够多的数据，分析并得出结论。之后，还要把这一次的结论和之前的结论进行关联分析，看看是印证了原来的观点，还是修正了原来的观点，或是有了更新的观点。

　　当这个过程结束以后，大脑就像经历了一次大扫除，原来各种想法杂乱地摆在大脑的各个房间中，通过书写被统一进行了整理。一篇文章写完了，烦恼没有了，情绪平复了，问题解开了，结论明确了。这就像和自己开了一次决策会，明确了决议，最后形成了文字纪要。接下来你要做的就是执行。

写作的力量是强大的，它能让我们清醒地认识自己。试想这样一个场景：一个周末的午后，你安静地坐在桌前，慢慢把想法一点点呈现在文章里。阳光透过玻璃照在桌上，手机已被调成静音模式，写作的世界里没有噪声，只有流淌的思想和跳动的文字。每完成一篇文章，你就完成了一次自我审视。

写作可以从两个方面改变我们的情绪状态。一方面，写作是行动，行动能改变态度。写作的时候，你是在用行动整理情绪。写着写着，眉头舒展，焦虑被平复，你不再纠结。另一方面，写作能转移注意力。当你在字里行间提出问题，专注点发生改变，你的归因方式也随之变化。有了不同的视角，原来的情绪困境被打破，心情自然也会不同。

每天记录，行动留痕

每日记录和每周复盘，是个人成长的两个基本动作。每日记录的作用在于记录一天内完成的主要事情，而每周复盘的意义在于回顾一周的任务完成情况。

每日记录很重要，但是一开始没有必要精确到分钟，记录主要的三五件事情就可以。在睡前简要回顾一下当天的状态，再简单规划一下第二天要做的事情，记录一些想法，就可以安心入睡。

每日记录能引导我们从烦琐的生活中抽离出来，站在更高的角度，更冷静、更理智地看待自己。一旦你能够冷静、理智地处理工作，大脑就会有更多的空间反刍这一天的所见所闻，还会注意到之前忽略的方方面面。白天的经历像电影画面一样在你的脑海中闪过，当你捕捉到新角度、新细节，思路就能进一步打开，认知也能得到提升。持续做这样一件小事，会让我们变得更聪明。

在形成了记录习惯以后，你可以尝试更精细地管理你的时间，比如将记录时间从一天缩短到半天，从一小时缩短到半小时。时间管理越精细，越需要有人来协助你，帮你提升效率。

当你完成每日记录，合上本子准备睡觉时，告诉自己："虽然这一天即将在我的生命中永远结束，但是我却从中提取了足够的智慧，用来面对以后的每一天。这一天在我的生命中发挥了重要的价值，我没有虚度。"

每天记录，行动留痕，这种仪式可以成为你的精神充电站。等到第二天太阳升起，你就站在了新世界的出发点。

每周复盘，自我修正

每周复盘更侧重于提炼出一周内你获得的重要想法和认知，并对自己的认知进行修正。这些认知最终会变成你的原则，在后续的生活中指导你的行为。如果你时常无法获得新认知，无法升级自己的思维水平，感觉虚度了光阴，那就要给自己敲响警钟了。

我在做读书活动的时候，有的人会在阅读中遇到困难，因此感到焦虑。在面对困难时，我们会自我怀疑，一旦开始自我怀疑，就容易退缩或放弃。从感知困难到决定放弃，这个过程一气呵成，我们可能都没有意识到这是在给自己找理由。但是，你若善于复盘，则有可能察觉到自己的情绪变化，并在对抗困难的过程中自我修正。不妨对比以下两种不同的反应。

反应一：这本书太难懂了，我想我不适合阅读心理学图书，作业也不会做，再加上这几天太忙了，算了，我放弃吧，以后再说。

反应二：这本书比我想象中要难，书的内容也和我想的不一样。心理学原来是这样的，但是我真心想学习和了解心理学，并且相信这些知识很有用，我还是想办法克服一下吧。毕竟以前没有读过这种难度级别的书，感觉到困难是正常的，习惯就好了。实在不行，我就早点儿起床，多花点儿时间理解就好了。

人是情绪化的动物。 如果没有记录复盘，我们很难意识到自己在什么时间受了什么刺激以及产生了哪些不利于行动的情绪。情绪爆发的一瞬间，我们可能会冲动行事，不会意识到自己做的事情意味着什么。所以古人才用"盛喜中勿许人物，盛怒中勿答人书""喜时之言，多失信，怒时之言，多失体"之类的话语警醒世人。

我已经不止一次遇到中途放弃的人在半年后重新找到我，想要再次开始学习。当问对方经历了什么才转变心意时，对方会说：

"最开始因为感觉困难而放弃，但现在看到读懂财报的人投资赚钱了，学心理学的人运用这些知识找到好工作了，自己才后悔没坚持下去。"

当学习的进步最终体现在收入增长等变化上，放弃的人才意识到，逃避的是困难，错过的却是未来。假如我们能够养成记录复盘的习惯，就有可能通过内省从情绪自查中发现异常，及时做出调整。这种自我纠错的机制非常高效。既然我们擅长给自己不做一件事情找理由，那换一个角度，我们也可以刻意做对自己有好处的事情，通过记录复盘给自己的持续行动找到理由。

作为成年人，要对自己的行为负责，没有任何人有义务修正我们的错误。如果做错了一件事，我们可能会付出惨痛代价，然后才醒悟。一个人如果具备强大的自我修复能力，就不用过分依赖外界的帮助，而可以通过自省的方式改正错误，升级认知。

自我纠错、自我修复的能力可以通过持续写作来培养。这需要你每天在为目标付出行动的同时，还要把这些细节与感受写下来，再定期分析复盘。当你从记录中提炼出想法，形成结论，就像完成了一次解题的过程。

这些记录会成为你成长路上的宝贵见证，就像我们每个成长阶段的照片，日后回顾这些照片时，便会想起自己是如何一步一个脚印长大的。当你知道自己从哪里来，便不会忘记自己的目标，即使做出再大的成就，也能不忘初心，继续前进。

　　生活如果值得我们用力地活着，那就一定值得我们认真记录。

我的成长记录

　　在这里分享一篇我在持续写作第 200 天时写下的文章。这是我对自己的行动复盘，从中你可以看到，当我坚持 200 天持续做一件事情的时候，我在思考什么，获得了什么启发。最后我会以现在的视角解析这篇文章，希望对你有参考价值。

写给我的第 200 篇文章：坚持就是过日子

　　我还是觉得应该写些什么，纪念一下坚持写作的第 200 天。

　　我从新年第一天开始写作，每天写 1 篇文章，走过第 21 天，走过第 50 天，再到第 100 天，今天已经更新到第 200 篇文章。用数字标记文章的标题，好处就在于我能清晰地知道自己从哪里来，走了多远。

　　如果说第 1 篇是做出决定，第 21 篇是自我鼓励，第 50 篇是途中小憩，第 100 篇是阶段性成果，那么第 200 篇，我愿意只将其看作长跑中的一小步。

　　看上去我并未赋予这个日子多么丰富的含义，因为我想说，任何远大的征程，最后都要落到普普通通的每一步上，并且扎扎实实留下每一个脚印。

我们的目标可能是伟大的，我们的宏图可能是激动人心的，但是通往神圣殿堂的步伐看上去是单一的、普通的、枯燥的，并且的确如此。

大概两年前，我曾经在微博简介中写过如下话语：以平实的语言叙述生活，把伟大的梦想藏匿于恬淡。那时，我已经依稀地感觉到：所有的宏伟蓝图不都是从点滴而来吗？

创业者在聚会时高喊激动人心的伟大口号，回去后仍然需要打理好公司的日常，做出一个个决策，执行一个个项目，面对一次次关乎公司生死存亡的挑战；大公司的运营者，在年度会议上听完总裁的豪言壮语后，回到工作岗位，仍然需要监控运营数据，分析生产情况，了解公司运行状况；即使是热恋中的情侣，带着再多的山盟海誓步入婚姻后，仍然需要面对柴米油盐，以及谁做饭谁洗碗的问题。

我想，这就是坚持的本质，这就是生活原来的样子。不断重复地做一件事情，直到这件事情融入你的生活，直到你不再感到费力。

如果说前 100 天我还在为我每一次数字上的突破、每一次里程碑事件而激动不已，佩服自己不断克服困难、达成目标的毅力；那么，在之后 100 天的行动中，岁月已经足够让写作这件事情变得稀松平常又必不可少，因为这已经成了我生活中的一部分。

这不是说坚持行动的第二个 100 天我敷衍了事，而是通过坚持，我完成了对生活的改进升级。生活进入了 2.0 版本，我具有更平稳的表现、更持久的动力、更强的分析处理能力……

坚持就是过日子，坚持就是生活的一种方式，坚持就是于平凡处见真章。

从今往后的日子里，持续行动更应该成为生活中必不可少的元素。我们必须在这方面投入时间、投入精力、投入情感，才能实现成长，抵挡时间的流逝。

尽管里程碑式的日子让人感到欢欣鼓舞，但是在平淡的日子里，也要耐得住挑灯夜战的寂寞，才能成就一番洒脱与快意。

这是一种富有力度的坚韧，这是一种静水流深。

Scalers

2014 年 7 月 20 日

这是一篇复盘感悟，写于 2014 年 7 月。在这篇文章中，我首先回顾了过去 200 天中的第 21 天、第 50 天、第 100 天的里程碑事件。当我把一件事情坚持做了这么多天的时候，本来觉得有必要庆祝一下，给自己一个正反馈。但是，真正到第 200 天的时候，我却产生了新的想法。

这个想法就是——我都已经坚持 200 天了，早就过了这件事的兴奋期，而这件事也成了我生活的一部分。再往后，生活每过一天，写作就再坚持一天。生活就像无垠的大海，任何翻腾起来的浪花，最终都将归于平静，这种平静反而是最有力量的。在那个时候，我其实还没有提炼出"持续行动"的明确概念，也没有归纳总结出"刻意学习"的要领，但是当我把写作这件事情坚持到第 200 天的时候，我对坚持产生了新的想法。

　　每一次记录都是在对自己的行动进行分析和复盘，持续的行动刺激新的想法不断产生，也是一件顺理成章的事情。

忙于找方法，哪有时间做事

　　有一年大学暑假，我在准备上海外语口译证书考试。备考时，我一开始很不适应笔试阅读题目，摸不清方法，总是时间不够用，错误还很多。为了解决这个问题，我在自习教室花了一整天时间，把一套真题的四篇阅读文章从头到尾彻底理了一遍，从生词释义到文章结构，从作者观点到题目设计。在重点攻克了这四篇阅读文章以后，我对这一题型的理解程度有所提高。之后我如法炮制，又专门练习了几套真题，不到半个月，阅读题目的正确率已经大幅提高。考试的时候，我在阅读部分拿了满分。

　　这些年我做了一些英语教学，发现一个非常有意思的现象：不管哪个阶段的学习者，在遇到学习困难时，就会疯狂地找方法。我最开始会为学员们选择比较简单的文章，大家在这个阶段还比较得心应手，认为自己的英语水平还不错。之后我提高了文章难度，他们的信心就跌到了谷底。面对一篇生词量大、主题不熟悉的文章时，他们需要概括文章大意、梳理作者逻辑、回答论述题目，甚至根据主题展开写作，很多人就开始焦虑，坐立不安，甚至"怀疑人生"。

这个时候最好的方法，就是静下心来，认认真真一句一句看进去，吃透文章，查清单词，分析句子，梳理逻辑。这会占用你较多时间，但是磨刀不误砍柴工，当你彻底搞懂一篇有难度的文章时，你不仅能更有信心，还能发现规律，举一反三，以后英语阅读难题就能被你轻松攻克了。

但是很多人却走了相反的路。他们一遇到困难，就到处找方法，给自己提供心理安慰，但往往在寻找的途中偏离了想要解决的问题本身。这种行为本质上是在逃避困难，并不是在寻找解决办法。

他们找方法大致是这种情况：在查找提高阅读效率的方法时，又看到背单词的方法，还发现了练英语听力的方法、写出好文章的方法、赚钱的方法……当他们看到了这么多学习方法时，就想到了自己学完这些方法后变得很厉害的样子，不禁满心喜悦。

一旦花了大量的时间寻找方法，就没有多少心思认真解决原来的问题了。通过寻找方法产生的快感，要比真正搞懂文章带来的快感来得更容易。一旦习惯提前获得快感，就很难再有动力去面对真正的问题了。

在有些人看来，如果一个方法可以让我们在不费力的情况下解决一个问题，那么它就是好方法，而一个让我们通过直面问题来提高效率的解决方法，往往会被忽略。

如果你因为缺乏基础知识，看不懂一篇文章，能有一种方法让你快速看懂、完全理解吗？如果长期没有深度使用大脑，你能指望在短时间内开发出大脑的所有潜能吗？如果三年没有认真读过任何一本书，你能指望自己仅用一周就完全掌握一本经典著作吗？

面对学习困难时，最高效的方法就是直接面对困难，解决困难。有的人坚信，世上一定有好的方法让人轻松学好任何事情，哪怕要用一生的时间去寻找。但我始终相信，如果你想获得启发、实现突破，那么就必须付出相应的甚至更大的代价。

这要求我们面对困难要有勇气、不害怕、不恐慌。大多数人学的并不是人类科学前沿的知识，而是前人已有的发现。这很安全，没有风险，只要告诉自己"别害怕，往前走"就行了。不害怕困难，持续行动，方法自然会出现。

中央电视台的一个节目采访了核物理学家何泽慧。在谈到如何发现铀核裂变的三分裂与四分裂现象时，何泽慧说："你要发现东西容易得很，做工作细致点儿就成了。谁都会发现。"主持人问："您是怎么发现的呢？"何泽慧马上说："看见了就发现了。你在那儿检查出有什么东西，你就可以发现。每个人都可以发现好些东西，除非你一天到晚不动脑筋。"

人的突破就是一个不断看见的过程，当你看见的时候，你自然就发现了。到时候，就会有很多人来问你：你用的什么方法？教教我吧。

时间管理不是买本子的游戏

时间管理做不好？买个本子吧

我觉得人生的真正开端，或者说人生的转折点，其实是进入幼儿园。那一刻，我们需要真正面对家庭之外的社会，做不得不做的事情。

从进入幼儿园的那刻起，我们在家里肆无忌惮成天玩耍的日子就结束了，要开始接受外界的安排、有做不完的事情了。这距离我们走向职场，差不多还有 20 年。按理说，这 20 年我们应该积累了大量应对外界环境的经验，应该知道怎么管理好自己，实际上恰恰相反。绝大多数职场新人都会面对的问题是要做的事情太多，而时间太少，感觉永远做不完。尤其是当我们想改变，想持续地做一件事时，生活和工作的干扰就会变成梦想的绊脚石。当干扰和要做的事情太多，很多人自然想到要找方法，于是开始学习时间管理。

很多人都在教他人如何管理时间，甚至形成了完整的产业链。

不管怎么样，时间管理这个概念在营销上做得很成功，以至于我们会认为，如果自己在生活中遇到困难，便可归咎于时间管理做得不够好。学习时间管理，便成为非常热门的话题，有一种方法是要你记录平时是如何使用时间的。的确，很多时候我们根本不知道时间浪费在哪里。但是当你准备开始记录时间并咨询时间管理导师时，他会拉开一个大抽屉，里面放满了五颜六色的本子。你似乎恍然大悟，原来时间管理就是需要买不同的本子用在不同的场合。

本子的种类越来越多，外观越来越漂亮，你每一本都想买。很快你就会发现，你的书柜里除了有一堆未拆封的书，还有很多五颜六色的本子，不少本子只是写了个开头而已。时间管理于你而言，变成了买本子的游戏。每当自己感觉时间管理做得不够好的时候，你就去买一个新的本子，告诉自己这是一个新的开始。

这样一来，本来打算学习时间管理的你却成为本子爱好者。任何带来短暂愉悦体验的事，都有可能让人上瘾。你可能只是沉迷于买本子获得的即时满足感，忘了初衷是学习时间管理。

持续买本子能让我们做好时间管理，突破困境吗？买本子只是一种行动的开始仪式，就像我们每天做记录，是一种成长的见证仪式。但是我们要知道，这世间有很多事情都可以管理，恰恰时间没法管理，因为时间是单向的，一去不复返。我们能管理的不是时间，而是我们运用时间的方式：在时间的长河中，我们用什么状态，做什么事情，怎么做事情。

时间管理的前提是什么

在时间管理上做得好的人，会是什么状态？会有什么结果呢？思考清楚这件事情，有利于我们理解问题的本质。时间管理做得再好，事情也得一件一件地做。这就变成了持续行动：做好一件事，再做第二件，再做第三件。

不过，在缺乏有效训练的情况下，很多人无法持续做事，做完一件事情之后往往要歇很久，慰劳自己，平复好情绪，然后才能开始做第二件事。我们以休息的名义，偷了很多懒，却以"时间管理"为借口自我安慰。一个人如果能心无旁骛地做事，享受完成一件又一件事情的乐趣，就不会有时间管理的烦恼。

时间管理的核心就在"管理"这个词上。管理在什么时候能发挥最佳效果呢？规模大小一定程度上决定了管理效果。如果一家公司只有五个员工，大家坐在一起办公，抬头说话就能把事情沟通好，这个时候管理问题就不是核心问题，把产品卖出去、把钱赚回来才是核心问题。如果一家公司有上百名员工，大家相互之间不熟悉，但要协同完成很多事情，就需要进行良好有序的管理，否则大家就会陷入内耗与职场斗争中，这时候管理问题就成了重中之重。

如果你想把一群人管理好，那么有一个重要的前提——每个人都能独立工作，搞定自己的事情，这样团队协作才能达到预期的结果。当一个人无法按照计划执行任务时，问题并不在于时间管理的方法对不对，而在于怎么做才能按期完成自己的任务。

如果你的行动力提高了，有能力完成一项又一项的工作，那么这个时候你便可以思考：我做什么、不做什么，先做什么、后做什么，以及哪些事情可以由别人来帮我做。从这一刻起，时间管理对你而言才有意义。

做得多，自然就知道要怎么做了

目前来看，时间管理逐渐变成一种为人们提供确定感的仪式。当你把本子打开，在上面记录每天精确到分钟的行动计划时，你就会感到心安。然而，纯粹的记录不会带给我们进步，把事情精确到每分钟，反而会让我们陷入困顿。时间管理的最终目的是完成目标，而非制订一个完美的时间计划。完成目标又涉及另一个问题：我们应该制定什么样的目标？

如果认知不准确，我们制定的目标可能也是不合理的。时间管理新手通常贪大求全，在一开始的时候就给自己制定几乎无法完成的目标，意识不到可行性的问题。判断不准确会导致目标不合理，不合理的目标会带来执行问题。一旦在执行的过程中出现问题，我们就会怀疑自己，又不得不停下来调整情绪，导致后面的计划又被搁置，无法持续行动，形成恶性循环。

怎么办呢？正确的做法是少搞一些花架子，多做一些实事。

我们还是应该先做好一件事情。如果每天都能完成这件事，那么在持续实践的基础上，我们对于时间管理的理解就会涌现出来。这个时候，你自然能变成一位优秀的时间管理者，而且你的时间管理方法是自己一点一滴积累起来，经过实践检验的。通过持续行动，我们知道什么样的事情要花多长时间做完，形成了一条精准的时间线，于是就能够渐渐清晰地列出自己的日计划、周计划、年计划，甚至人生计划。

时间管理的上限是体能

成年人的世界，充满了意料之外的情况，这些都会对我们的计划造成干扰，一些不可控因素的确无法避免。我们有时会被网络上的一些时间管理达人营造的人设带入误区，他们每天在网络上用精美的图片展示自己在做什么，这种展示也是需要花费时间的。假如一个人真的在时间管理方面颇有心得，未必舍得花大量时间在网络上打造人设，除非打算以此谋生。当一个人最终成为一名职业的时间管理导师，成了时间管理表演者，那他这些时间管理经验，对我们而言也许就没有那么大的参考意义了。

如果你想提高自己的工作效率，与其研究别人的时间管理方法，不如研究一下自己在做完第一件事情的时候，是否有体力做好第二件事情。与此同时，你在做第二件事情的时候，能不能同时安排其他人去做第三件事情？

更关键的一点在于，你还要让自己在做以上每件事的时候，保持专注和情绪稳定。你如果能意识到这些问题，就会发现，最终限制你取得成就的，其实是你的体能。假如你没有意识到体能决定成就上限，那就说明你真的不需要学习太多时间管理方法，也不需要买一堆本子，而是赶紧把一件事情先做好。要知道，对于某些人来说，并不存在拼命努力的说法，不走神也许就算"拼命"了。

此外，如果个人的时间管理能力已经开发到极限，却还要做很多的事情，那么就要利用团队协作来完成了。这已经不再是纯粹的时间管理问题，而是一个如何通过配置资源达成目标的问题了。对于那些连一件事情都做不好的人来说，这个问题还过于遥远。

当你做的事情足够多、坚持的时间足够长，你就会发现有没有本子根本不重要，哪怕给你一堆草稿纸，你也能做好时间管理。

积极面对偶然事件

2015 年，我在上海虹桥机场准备登机时，广播突然宣布航班取消。当日已经没有其他航班，现场乱作一团。后续工作人员安排我们到机场附近的酒店过夜，等到第二天早上，我们再自行改签。

这件事情给我留下极其深刻的印象。我原以为航班取消、机场留宿是小概率事件。但那一年我乘坐飞机次数格外多，于是突然明白过来：常在河边走，哪有不湿鞋。果不其然，2017 年，我在国内各个城市参加《刻意学习》线下分享会的时候，又遇到了两次航班取消。

大脑是贪得无厌的意义制造者

大脑是贪得无厌的意义制造者，它习惯从复杂的事情中找到简单的、可归纳的特征，然后快速记住这个简单的特征，用于解释遇到的各种问题，哪怕是随机的、不可控的偶然事件。

　　抛出一枚硬币，结果可能是正面，也有可能是反面，硬币落定之前，谁也无法预知。有很多因素影响硬币最终的正反面，我们既无法预知，也无法掌控。恶劣天气、机械故障、交通管制都可能造成航班取消。当有太多因素影响一件事情的走向时，我们不得不注意偶然事件的影响。当你持续做一件事情时，持续的时间越长，越有可能遇到偶然事件。

　　然而，大脑太希望给每一件事情寻找意义。当偶然事件发生时，我们常常按捺不住冲动，非要给这些偶然事件找到解释。其实最好的应对方式是，对于自己掌控不了的事件不用解释，也不要追求意义，提前想好预案，积极应对处理即可。

遇到网络攻击的处理方法

　　在社交媒体上，经常有一些网络红人截图转发一些攻击自己的言论，这种行为相当于网络上的"斩首示众"。这个现象背后的行动逻辑，值得思考。

　　遇到网络攻击的时候，有以下五种应对方法：

- 不删除、不回应，任其发挥；

- 删除评论，将发布者移除粉丝，甚至加入黑名单；

- 一对一私信回应，暂不公开处理；

- 公开回应，"挂"出发布者，引起粉丝讨论；

- 取证并诉诸法律手段。

如果一个人在网络上持续发声，只要时间足够长，或影响力足够大，那么就难以避免遭人攻击。哪怕你的内容写得再好，互动时再有礼貌，也逃不了。

有的人在初次遇到网络攻击的时候会自我怀疑，试图与对方争辩，但是他们很快会发现这样做是行不通的：对方压根儿就没打算好好说话，你越认真，对方就越来劲。

在网络上攻击一个人是没有门槛的，很多人会将自己在生活中遇到的挫折，转化成网络上的语言暴力，通过攻击他人让自己获得爽感。网暴者根本不会认为自己有什么问题。

遭遇网络攻击也是偶然事件。在网络上持续输出的人，如果你的受众越多，影响力越大，那么你就越被认可。但是，当影响力不断扩大，边界线被不断拉长时，你就可能收到负面评价。再小的概率，乘以庞大的基数，得到的结果也不容小觑。比如有 10 万人看你发布的内容，即使只有万分之一的人不喜欢你，也相当于可能有 10 个人会在评论区骂你。

这种偶然事件发生的时候，我们的大脑就会想方设法寻找意义，试图回应和理解。其实，换个角度思考，如果你能做到只被万分之一的人讨厌，就已经非常难得了。因为在现实生活中，在

一间只有几十人的办公室里，都可能会有不喜欢你的同事，那么
网络上那万分之一不喜欢你的人，已经算是"凤毛麟角"了。

当我们主动控制大脑在该情况下停止寻找意义，就可以把重
点放在处理问题上。首先，我们要判断对方的评论是否能转化成
对我们个人成长有益的建议。如果是无意义的情绪发泄，那我们
就可以按照前文提到的五种方法进行有效处理。具体选择用哪种
方法来处理，有一个核心的考量标准，就是让自己投入的时间和
精力产生最大化的收益。

接受错误才能减少错误

应对偶然事件的最好方法是，接受偶然事件并快速应对处理。
再进一步，你甚至可以将其理解为世界运行出现了错误，但是你
必须接受错误，才能减少错误。当我们并不追求被网络上的每一
个人喜欢时，反而才能获得更多人的喜欢。

很多人并没有认识到这一点，抓不住事情的主要矛盾，经常
被他人带偏。以网络购物为例，他们会因为看到几个偶然的差评
就怀疑自己的判断，最终影响决策的效率。

其实，每一件商品都避免不了有差评，关键要看差评的合理
性，以及差评的论点到底是什么。很多差评也可能和产品本身并
无太大关联。差评能反映产品的特性，帮助我们在决策上减少失
误，但试图寻找一个没有差评的完美产品，本质上是对自我内心

不够强大的逃避。

　　我们做的事情越多，影响力越大，接触面越广，就越可能遇到各种各样的偶然情况。不管我们做什么，都有可能犯错误，而且做得越多，就越有可能遇到偶然事件，越有可能得到预料之外的反馈。我们的能力有限，时间有限，精力有限，而外在的世界是无限的。

　　虽然飞机航班会取消，但是我们仍需要出行。只要一件事情总体上是正确的，从长远来看对我们有利，就是值得我们去做的。接受错误，才能减少错误。

1000天

竞争壁垒是如何形成的

第三章

穿越周期的好状态从何而来

在观看体育比赛的时候，我们经常会听到解说员说，这个队伍今天的状态特别好，那个选手今天不在状态。在奥运会、世界杯这样的顶级赛场上，每一个选手的水平都已位于世界前列，这时影响比赛表现的，就是人的状态。

状态就是对我们现状的客观描述，包括我们的身体状态、心理活动、情绪反应、认知水平、精力能量以及与他人的社交互动情况等。人每时每刻都处在某种状态当中。如果我们想知道自己的生活过得怎么样，只要看过去一段时间当中，我们处在哪种状态的比例最高，就知道我们生活状况如何了。

好状态与坏状态

状态可以分为好状态和坏状态，一个人不是处在好状态中，就是处在坏状态中。这句话看似是一句"废话"，其实反映了一个本质：我们往往很难在第一时间察觉自己的状态，也很难采取行动去改变，甚至沉沦其中，直到摔一个大跟头。不存在一种好坏之间的中间状态，这个观点可以让我们对自己的状态更加警醒——当你感觉不到自己的状态好，就说明处在不好的状态中，需要赶紧调整处理。

当我们处于好的状态时，并不意味着我们感到非常快乐或特别兴奋。在好的状态中，你的心态积极、内心平和、思路清晰、行动有方向，即使面对困难，也不会感到恐慌。在这种时候，你做事更容易集中注意力，思维敏捷，精力充沛，知道自己要做什么事情，即使没有外界的刺激，也有动力去坚持。当你感受到一种平静的力量，并且很容易进入心流模式的时候，你就是在好的状态中。

与之对应的是坏的状态。在坏的状态中，我们会感到焦虑无力、自我怀疑，甚至会失去行动的动力。我们会感觉自己处在低谷期或者被卡住了。在这种时候，我们往往难以控制自己的情绪，思维也会变得混乱，行动会变得拖延，前进方向也不是很清晰。我们会缺失目标感，怀疑自己做的事情是否有意义，动力不足，需要外界的鼓励甚至刺激才能勉强行动。

我们的成事能力由我们的基础实力和发挥状态综合决定，可以表达成这一公式：基础实力 × 发挥状态 = 成事能力。

当所处的行业需要我们稳定发挥的时候，我们对状态的训练强度就应该不低于基础技能的训练强度。当运动员的硬实力提升

到一定阶段之后，心理素质和整体状态就决定了他能否在赛场上
获得最终胜利。

状态的好坏不仅影响我们的事业，对我们的身体也会有所影
响。如果长期焦虑不安，情绪低落，我们的免疫力就会下降。而
如果我们处在积极向上、安静平和的情绪里，我们的身体机能也
会变得更好，精力会更加充沛，对未来也充满希望。

当我们需要长期持续行动，穿越时间周期时，就需要特别关
注和调整自己的状态。

区分感受与想法

如果我们想要拥有穿越周期的好状态，就要做到快速识别自
己的状态。要做到这一点，首先要能区分想法和感受。

我们的感受是针对特定的事件而产生的情绪反应，与生理和
心理活动紧密相关。感受通常会持续一段时间，表现比较强烈。
听到了好消息，我们会感到很高兴，遇到挫折，我们会感觉很难
受，这种情绪的反应就是我们的感受。感受来自我们内心对事物
的反应，提醒我们关注自己内心的状态。

而我们的想法来自我们的认知对事情的分析与判断。当信息
从外界输入大脑，经过加工和推理，我们会形成思考与反应，就
是我们的想法。想法表现为我们的观点和结论，更多是为了理解

和分析问题，更好地解决问题。

在日常生活交流中，我们有时会把对一件事情的感受和想法混在一起表达出来。这种语言的混乱往往会造成我们难以分辨自己的情绪状态，也无法第一时间识别他人的心理状态。我们会把想法误以为是感受，比如我们会认为自己被误会，这其实是一个想法，而不是一种感受。当我们认为自己被误会的时候，我们的感受是委屈、难过、沮丧、不被认可。

想法有正确和错误之分，而感受往往是真实的，来自我们内心的反应，是不分对错的。

调整情绪状态的两种方法

调整情绪状态主要可以通过两种方法实现。

1. 改变身体姿态

我们使用身体的方式对情绪有着直接影响。积极的身体姿态会带来积极的情绪，而消极的身体姿态往往会引发消极的情绪。因此，当我们感到情绪低落的时候，有意识地调整我们的坐姿、站姿、走路方式、面部表情，可以快速地改善情绪状态，让自己感觉更好一点儿。

每当我工作疲惫的时候，我就会让自己坐直或站直，并且让自己面带微笑，这些动作就能调节我的状态，让我感觉更好。同时，深呼吸也是一种重要的状态调节方式，因为深呼吸时，我们吸入了更多的氧气，生理状态会发生积极的改变。

除此之外，吃一顿美食，让自己运动起来出一场大汗，都能改变我们的身体状态，进而调整我们的情绪状态。

2. 改变关注焦点

我们的关注焦点就是注意力的所在之处。世界非常大，我们关注什么，什么就是我们的世界。当我们选择专注在一件事情上，这件事情就变成了我们的焦点，而我们会把与其无关的事情从脑海里删除。

改变关注焦点最好的方法是提问。然而，很多人在提问的时候往往会犯错误，提出糟糕的问题。这些问题通常带有消极情绪，并且隐含负面的假设，带有很强的自我攻击意味。例如，我怎么又错了？我怎么总是倒霉？为什么这些事情总是发生在我身上？这些问题往往让我们陷入自我怀疑。

相比之下，好的问题则具有积极寻求解决方案的动机，引导我们创造性地解决问题。例如，面对这个挑战，我要怎么做才能克服困难，解决问题？我现在遇到了困难，要怎么做才能提高效率？这些问题引导我们思考如何采取行动，而不是沉溺于问题本身。

好的问题还可以帮助我们探索更深层次的意义和可能性。例如，我现在有点儿困惑，我要做些什么才能让我达到目标，并且感到快乐？这件事对我有什么积极的意义？这样的问题能够激发我们的创造力和积极性。

想要提出好问题，需要专门训练培养，只有这样才能感受到提问的强大魅力。

最后，即使是在棘手的情况下，好的问题也能引导我们找到解决方案。例如，那个客户很有个性，我怎么做才能拿下订单，推进合作？这样的问题能让我们专注于目标，寻找实现目标的具体方法。

书写改变状态

书写是一种行动，它不仅能够改变我们的身体状态，还能转移我们的专注点，从而改变我们的认知视角。**以下文字是一个通过书写改变状态的案例。**

今天我写完一篇文章后，打开了抖音。在浏览了几个视频后，我发现自己开始情绪浮躁，甚至对刷抖音有了上瘾的趋势。

这时手机提示电量不足，它本应是让我停止刷抖音、去充电的信号。但我没有控制住自己，继续刷了下去。不久后，我意识到内容开始重复，时间已经过去了半小时。我想到还有许多工作要做，比如课程的笔记没有更新完，阅读清单的任务还没有完成，这周的周报还没有写，于是我决定开始工作。

为了调整自己的状态，我去喝了口水，然后开始更新课程笔记。这次的经历让我决定，以后在使用抖音时，只看前三条视频，看完就结束浏览，不能再继续看下去。

案例中的"我"通过书写进行自我对话，从而实现了自律，让自己去做重要的事情，以提高生活效率。

书写本身就是一种行动，可以改变我们的身体状态；书写的内容又是一种自我对话，可以改变我们的关注点。通过书写，我们可以把内心的想法写下来，这样一来，想法就从我们身上剥离了，变成了像程序代码一样的客体，我们可以分析、反驳并修改，然后再将其嵌回去。

为什么有的好学生毕业后反而"一事无成"

我读书的时候，如果在升学考试中达不到重点线，就考不上重点中学。长辈们一直让我好好学习，并且告诉我，考不上重点中学，长大后就没有出息。而且重点中学离我家很近，步行几分钟就能到，普通中学却在郊区，实行封闭寄宿制。因此，我努力学习，考上重点中学。这算是我人生中第一次通过好好学习突围。

学生时代的竞争是打小怪练手

学校的竞争摆在明面上，一张试卷定输赢，成绩好的学生排前面，成绩差的学生排后面。家长和老师盯着排名从高到低看，几家欢乐几家愁。我们的求学岁月充满了这样的学业竞争，以至于成年后再看到《5 年高考 3 年模拟》《天利 38 套》，我们还会触景生情，怀念那段"疼痛"的青春。唯一值得安慰的是，我们现在终于不用再做这些试卷了。

繁重如山的考试压力，让很多人产生了应激反应，"一朝被蛇咬，十年怕井绳"。但是很多人并没有注意到，考试是简化版的竞争，大家一起上考场是一种"降维公平"。所有的学生，不管性格、才华如何，都被集结到一条"跑道"上——两边修了护栏，显眼的标识告诉你往哪儿跑，不许越界，不许犯规。谁跑得快，谁就能赢得机会。以后人生中的竞争，没有比这个阶段的考试更纯粹、更简单的了。

走上社会后，你会发现竞争全方位、多维度地升级了。没有人给你设定跑道，没有人告诉你应该往哪儿走，甚至有人想把你引到错误的方向，破坏甚至侵占你的跑道。社会的竞争是一场混战，每个人都要发挥自己极致的智慧，八仙过海，各显神通。

社会竞争是学校竞争的延续和加强版。面对全面竞争，最好的方式其实是先打小怪，再挑战高难度的关卡。先用单一维度的竞争练手，再参与维度更高、更残酷、更高阶的全面竞争。我们在学校参与竞争，也在为了更高阶的全面竞争做准备。

社会竞争的玩法是什么玩法都可以

校园竞争的跑道固定，大家往同一个方向努力，你做得好不好，一眼就能看出来。在社会竞争中，跑道纵横交错，或者说根本没有跑道。你很难一眼看出来一个人跑在什么位置。没有了参照物，我们总认为自己跑得还不错。

在学校读书和在社会闯荡并不是对立的两面。但是，我们习惯地将其看成泾渭分明的两个阶段。很多家长严禁孩子在大学期间谈恋爱，却希望孩子毕业参加工作之后马上就能结婚，这就是以割裂的方式看问题。我们如果把两个事件割裂开来，自然不会发现其中的联系，更无法做好过渡工作。

学校中的竞争是单一维度的竞争，其好处是大家只能按照相同的规则行事，只要在规则下做得好，胜算就高；坏处是如果你擅长的方向与跑道的方向不一致，就会吃力不讨好。相比之下，多维度的竞争并不限制玩法，好处是如果你能从不同的角度看问题，反而可以出奇制胜；坏处是如果你没明白生存法则与玩法，那么你会始终不得要领，举步维艰。

十年前，大学毕业生依靠父母的帮助在一线城市买房，还会被人斥为"啃老"。一些血气方刚的年轻人会认为，靠自己在一线城市买房才是真本事。但是现实往往非常残酷，大部分说要靠自己的人，其收入增长速度并没有超过房价的增长速度。过去 10 年，一线城市的发展速度要远远超过大部分人的成长速度。部分依靠家人帮助买房置业的人，在经历了一波又一波的房价上涨之后，资产已经倍增。资产增长不仅让一个人保持身心愉悦，而且也能为下一步个人发展打下基础。

在社会上，你并不知道与你一起竞争的人拥有什么样的资源，会以什么更快的方式达到目的。在一次聚会中，一位朋友半炫耀半认真地说自己几经周折，终于认识了某位知名的艺术家。在场的另外一位朋友却拍着大腿说："哎呀，你不早点儿说，我们两家是世交，我可以直接帮你引荐的。"

这就是社会和学校不同的地方。在学校，大家都在勤奋学习的道路上前行。在社会上，你在地上跑，却发现有人开车，有人坐飞机，大家各有各的方法。

认清竞争环境，及时调整策略

步入社会后，竞争升维了，但很多职场新人并没有意识到这一点，仍然沿用学校里的竞争思维，尤其是那些成绩非常好的学生。有些人虽然在学校成绩不太好，但能适应社会的多维竞争场景，所以取得了更高的成就。

在社会竞争中能否取得成功的关键，不在于学习成绩好不好，而在于能不能认清社会多维度竞争的本质。谁能先意识到这一点，谁的先发优势就大。读书时代的佼佼者是对校园竞争很熟悉的人，而在社会上发展好的人是在多维度竞争中如鱼得水的人。对于前者而言，如果想要在社会竞争中保持优势，就要消除对原有路径的依赖，不再认为"只要成绩好就万事大吉"。成绩不好的学生走上社会后，也不用感到自卑，要知道这是一次重新洗牌的机会。

当我们走上社会后，以前的成绩无论好坏都成了过去，面向未来才是更关键的任务。精准地感知不同的人生阶段中竞争环境的变化，采取相应的策略，你就会成为那个穿越 10 天、100 天、1000 天并且持续保持竞争优势的人。

什么样的人最有竞争力

竞争就像打仗。《战争论》告诉我们，卷入战争的双方有进攻和防御之分，但攻防的形势并不是绝对的。进攻方深入敌军，反而容易被围困，便会由攻转防；当防御纵深有力时，防御方能成功牵制敌军，从而挫伤进攻方的锐气，便会化守为攻。

竞争优势来自哪里

在战场上，借助地形获得优势是常见手段。占领制高点总是必要的，若再加上一圈护城河，更是如虎添翼。当你守住险要地势，背靠深渊时，可谓一夫当关，万夫莫开，这就是易守难攻。行军打仗时要把阵营安置在具有地理优势的地方，这个要点也被借鉴到了商业竞争中——衡量一家企业的好坏，要看它是否有"护城河"，投资家巴菲特就是这么做的。

战争一直以来都是空间较量，而空间的优势并不是牢不可破的。当人类发明了飞行器以后，空军成了新的打击力量。即使你把营地安扎在高处，飞机仍然可以轰炸该据点。空军的出现，改变了原有的战争格局，瓦解了地理位置带来的绝对优势。

在社会竞争中，我们的竞争优势来自哪里？是"险峻的地势"吗？我们一直赖以生存的优势，是否可能因遭遇"空军袭击"而瓦解？

很多人从小到大都没有思考过社会竞争优势的问题，只是一直遵循家长的教诲，好好学习，考好大学，选好专业，找好工作，选好伴侣，过好日子，待一切尘埃落定之后，安静等待退休。

以前的社会经济发展没有那么快，技术革新也没有那么频繁，一份工作做到老，还是很容易的事情。随着信息技术、生物技术持续发展，我们还能像上一代人一样选择安静稳定的生活吗？我们还可能一份工作干到退休吗？假设为我们提供工作岗位的企业在未来没有了竞争力或者倒闭了，皮之不存，毛将焉附？社会竞争既然是多维的，就很有可能"半路杀出个程咬金"。你以为在险要地势设好防御关卡便能高枕无忧，不曾想敌人的飞机会在你的上空扔炸弹。

我们确实要好好审视一下，自己现在的竞争优势是否稳固，是否能够经得住未来的攻击和考验。于是，一个很重要的问题出现了：如果一个人非常有竞争力，他的竞争优势究竟应该来自哪里？

纵观人类的发展史，哪怕再高的山峰，也有人可以翻越；哪怕再远的星球，也可以想方设法地去探测。目前人类无法实现的，恐怕只有逆转时间的流逝，我们终究不能回到过去。因此，如果你要构建强大的竞争优势，最好充分利用时间无法逆转的特点，想方设法地占到时间的便宜。

来自时间的绝对优势

时间就像一趟列车，当我们开始了生命旅程，就只能沿着列车轨道不断前行。对已经发生的事情，任何人都无法逆转，至少目前不能做到。在时间维度上，我们永远都是处在当下的，既无法穿越到过去，也不能跳跃至未来。我们可以思考如何利用时间无法逆转的这个特点，把竞争优势建立在时间的单向性上。什么样的优势既可以让我们占到时间的便宜，又无法让竞争对手弯道超车呢？

有三种方法，能够让我们在时间上获得绝对优势。

1. 提前卡位，坐等风来

如果未来某个时刻，市场上大规模需要一种能力，而那个时候我们正好已经具备这种能力，但别人难以快速获得，那么我们的竞争优势就将非常明显。

最近几年，人工智能特别火热。2024 年的诺贝尔物理学奖、化学奖，都颁发给了与人工智能相关的领军人物。但是，20 世纪 90 年代是人工智能的低潮期，因为缺乏项目，很多做人工智能的人转行进入了其他领域。也有很多高校取消了人工智能的相关专业，这几年才想到重新启动，而此时学校已经没有这方面的老师，人才出现了断档。

自 1978 年以来，清华大学在张钹院士的带领下，一直坚持人工智能的科研方向，人才没有断档，在技术寒冬依然努力坚持。能坚持下来的重要原因是，张钹院士认为，这是一个值得发展的方向，计算机的发展一定是让其帮助人类做更多的事情。如今在人工智能的创业企业中，来自清华的校友撑起了半壁江山，成为中国人工智能领域的主力军。

被未来需要的能力，既然很难在短期内获得，就意味着我们应该立足当下，早做准备。这就意味着要甘坐冷板凳，即你虽然努力了，却很可能得不到即时反馈。很多人会因为看不到未来而选择放弃投入时间和精力。只有少数人能做到在没有即时反馈的情况下，持续投入地做一件事情，直到未来正好被需要时，才能有所收获。但这个未来在什么时候到来，并没有那么明确。

一个人要做出这种判断，不仅需要远见卓识，还需要强大的定力。就像炒股一样，更多的人习惯于看到股票价格涨了以后再去追涨，而不是在股票下跌通道中顶住压力，低价建仓。所以，大部分人总是在高点进入后被套牢。未来是难以判断和预测的，少数成功者最终成为典范，失败者只能暗暗地躲在角落中，不为人所知。

如果你能持续领先于时代发展，在每次技术革新的时候都已经准备好，那么就完全不用担心自己会丧失竞争优势。

2. 积极参与，塑造未来

正因为未来如此难以预知，所以退而求其次的方法就是塑造未来，影响未来。既然未来是不确定的，那么就努力让未来朝着有利于自己的方向发展，这也是构建竞争优势的有效方式。

当一家企业做大后，往往会采取各种方法向社会与行业输出价值观，提出新的认知与理念，试图影响社会公众认知。企业家在面向公众发表演讲时，经常会畅想未来，根本原因在于，只有让未来朝着对自家企业最有利的方向发展，才能最大程度形成企业的竞争优势。让未来发展成符合自己设想的样子，就是"主场作战"思路。

除了面向社会发声，参与行业标准的制定也是一种重要的获得竞争优势的方式。我曾参加过几次国际会议，与会者们针对一项技术标准展开了激烈的争论，这项标准被技术委员会采纳通过以后，就会成为世界各国遵照执行的技术标准。有一次，一家公司代表提出了一个别具一格的技术方案，并反对与之不同的其他方案。假如委员会采纳了这家公司提供的技术方案，未来五年，该公司至少可以多赚上百亿元。

政府出台一项政策时，往往需要公开征集社会各方面的意见。政策影响利益的分配，影响未来的社会。关于未来要成为什么样子，社会各界都在进行努力，都希望自己在未来可以多多受益。但最后需要各方经过商议形成最终方案。

当你想获得竞争优势的时候，你就需要想方设法地影响未来，让未来按照有利于你的方向发展。如果正好撞上行业的风口，就是你发挥优势的绝佳时机。

那些掌握了传播技巧，能在公共领域发声的企业或者个人，其实更容易在竞争中获得优势。因为善于使用传播手段的人更容易影响社会大众的看法，继而影响未来规则的设定。企业在做好经营的同时，通过公共传播渠道输出影响力，就能在未来获得更多的竞争优势。

3. 关注趋势，紧抱"大腿"

如果做不到以上两点的话，再退而求其次，选择长久地追随一位商业领袖，成为其核心团队的一份子，也可以获得强大的竞争优势。

商业领袖作为创业者，创立了自己的公司并且持续经营。如果你在他的事业中发挥着重要作用，你的人生也会水涨船高。职场发展并不只依赖于个人能力和努力，有时也在于你上了一辆什么样的列车——如果是一辆复兴号，那么你将飞速向前；如果是一列 K 字头的绿皮火车，那你可能难以追上高铁了。

很多职场新人并没有"跟着一个老板打天下"的概念，他们可能更在意的是薪水高低。从这个角度来看，最需要抱团的普通员工，反而有一颗单干的心，而最有能力单干的老板，其实更注重核心团队建设。

如果我们只盯着一份薪水更高的工作，就没有办法占到时间的便宜。和一个人建立信任关系，是需要花费时间的。没有什么办法可以让你绕过时间的门槛，直接达成目的。一个行业领袖自然更信任跟随自己南征北战十几年的人，哪怕他的能力稍微差一点儿，而不会轻易相信一个能力很强但刚认识不久的人。

每一个行业领袖都有自己的核心班底，而这些班底人员未必会在媒体上成为焦点，甚至可能完全不为大众所知。但是这些人伴随着领导一起成功，获得的回报自然也非常丰厚。人与人在互动的过程中积累的深度信任，其实才是我们的竞争优势。当然，你能不能选择到这样的好领导，就要看你的眼光了。

拼时间的长度

以上三点中，最明显的共同点是时间足够长。没错，竞争到最后，就是在拼时间的长度。我们千万不要忽略时间长度产生的影响。哪怕在一开始，你在时间上完全不占优势。

竞争的态势和环境一直在发生变化，你在这一时刻的优势未必会成为下一时刻的优势。当竞争环境切换到另一个维度时，如果你最擅长的方面不再具备优势，那么便不能迅速适应新维度的竞争。如果其他人或者企业在全新的维度上积累了足够长的时间，那么这些人或者企业就更可能在竞争中获得胜利。这就是为什么在行业格局发生变化时，有的企业逐渐没落，而有的企业迅速崛起。

在持续行动的道路上，时间才是最好的试金石。当我们把时间线拉长，就能看到经过时间的洗涤，事情最终会演变成什么结果。如果你持续行动的时间不够长，打下的基础是不牢固的，那就更容易受到偶然事件的影响。

如果我们能经得起时间的考验，那么就意味着我们在经历了各种波动变化之后，还依然坚持着。我们要在一个领域里做得更好，就必须做好长时间的准备，从 10 天到 100 天再到 1000 天，时间容量的大小体现着我们覆盖了多少种可能。

我们在竞争的时候需要思考一些事情，比如什么事情是我们做到了，但别人无法在短时间内做到的；什么是我们花了大量的时间才做到，而别人无法超越的。如果我们在这个方向上有足够的积累，那么当别人想得到同样的结果时，就必须经历相同的过程。

而到那个时候，我们已经在这个方向上足够领先，有着更大的优势，这才是我们的核心竞争力。当我们获得竞争优势的时候，我们还要再思考，竞争环境里有没有新的维度出现，以及要不要在那些维度上继续积累新的时间长度，从而巩固自己的优势。

不要羡慕那些比你厉害的人，他们只是占了时间的便宜而已。

看不起，看不懂，看不到

在生活中持续读书、积极上进的人，可能收到什么评论呢？以下是一些读者给我的反馈。

今天我在公司看《心理学与生活》的时候，同事们都嘲笑我。有的还说，看心理学图书的人容易得病。

今天有位同事来找我，看到我桌子上放着一本《资本论》，便笑着说："你都没资本，看什么《资本论》。"

在我读《证券分析》的时候，一位朋友笑话我，说我分析那么多，还不如他通过内线消息赚钱多。

我的室友看到我晚上 12 点还在读书写作业，就问我："你是不是疯了，是不是进了传销组织？"

很多人在追求进步时候，都曾得到过周围人的负面反馈，这些反馈会让我们产生负面感受。记住这些时刻，这是你提升认知的好机会，也是他们态度反转的开始。

生活剧本的主题就是嘲笑

被人嘲笑，是生活的必修课。当你开始做事情时，会显得与众不同，就像在你和原有的群体之间划了一条无形的分界线。上午的工作结束了，同事们吃完饭回到工位。这本应该是八卦闲聊的时间，你却不再参与，而是掏出一本书，认真阅读，还不断地记笔记。你的同事第一反应或许是，你是不是有什么问题？

在生活的剧本中，大多数人的角色就是嘲笑者。有人追求进步，他们嘲笑；有人不思进取，他们嘲笑。嘲笑是平庸者获得优越感的主要方式，是他们掩盖内心恐慌的有效手段。

当别人看不懂你在做什么，尤其是觉得你们本就不相上下，甚至觉得你更差的时候，对你的行动嗤之以鼻，似乎是最安全的策略。提前判断你会失败，还能显得他们很正确，他们心里可能会想：上一个像你这样上进的人，不到两个月就放弃了。

嘲笑是认知上的"排异反应"。不管是同事还是朋友，你周围的人通常和你过着相似的生活。你们面对的场景、思考的问题、生活的空间，大体上是相似的。你每天和同事在同一办公场所相处的时间甚至比你陪爱人的时间还要长，朋友之间经常在朋友圈评论点赞，交流日常动态与情感，这会给人带来归属感：我们是一伙儿的，是一个小群体。

当你开始打破原有的生活状态，进入一种新的生活状态的时候，你默默地和周围的人拉开了距离。这种距离会让原有群体的人感到害怕、不安，甚至被冒犯。这个时候，对你发泄负面情绪或攻击你，对他们来说是再正常不过的反应，这种态度就是我们说的"看不起"。

如果你能感觉到嘲笑的杀伤力，那便证明了你们暂时还在一个层次。等你跑得再快一些，与他们拉开差距后，嘲笑就对你没有那么大的杀伤力了。

要么你改变我，要么我改变你

这个世界是由我们和"别人"构成的，我们生活在由"别人"构成的环境里。当我们想改变自己的时候，必然会引起周围环境的改变。

人都不愿意改变，除非迫不得已。当你开始改变自己时，周围的人会通过负面反馈抵制你的改变。破解的方法就是坚持你的行动，扛住压力。当你坚持下来时，周围的人便适应了你的变化，负面反馈就会减少。大家开始接受"也许你就是这么个人吧"，于是你们之间形成了新的稳定状态。

以成年人喝酒这件事为例。如果你能坚持在任何社交场合都不喝酒，那么周围的人在习惯了你的风格后，就不再劝酒了。如果你没有把不喝酒这个原则坚持到底，这次被人劝得狠，就屈服了，接受能喝一点，下次别人劝得不狠就不喝，那么周围的人会认为，你只是因为受到的压力不够大才不喝酒。这样一来，周围的人就想试探你的底线在哪里，以后你就会感受到更大的劝酒压力。

事情的发展是动态的，要么你改变我，要么我改变你。这就从"看不起"过渡到"看不懂"的阶段了。"看不懂"是很微妙的状态，周围的人只是看到你忙前忙后，但是不知道你在忙什么。他们只看到你伏案写作的样子，只看到你不再参加聚会，只看到你好像也挺开心，却不明白你为何如此。此时，他们不再对你评头论足，你也不会收到太多负面反馈，你们暂时各自安好。

此时最大的困难来自你所做的事情。你投入得越深，感受到的阻力越大。你会发现，时间永远不够用，事情越做越多，挑战越来越大。最大的挑战莫过于你需要在自我怀疑和挣扎中前进。其他人看不出你的难处，而你也没法诉说，因为说了别人也不一定能理解。当你在用功做事的时候，周围的人要搞清楚你在做什么，也不是一件很容易的事情，况且你也没有时间理会周围的人。

这个时候是你与周围的人相对"甜蜜"的相处时光，他们看不懂也不过问。如果以后你做出了成绩，你们就都会怀念这段宝贵的时光了。

见证你的高光时刻

十年前，我曾经看过一部讲述北漂生活的电视剧。一群北漂住在当时北京唐家岭棚户区的群租房里，大家相互帮助、相互照应。当一个人升职加薪，赚到更多的钱时，他的第一选择就是搬出唐家岭，离开这个看上去很热闹的地方，搬进"北京城"。

当你获得成长突破的时候，周围的环境也会随之改变。你会进入新的圈子，认识新的朋友。原来周围的人已经不知道你在想什么，也跟不上你当前的节奏，只看到你一骑绝尘。这个阶段，就是"看不到"了。

那些曾经嘲讽你的人，会以最快的速度改变自己的立场，成为热烈赞扬你的人，你会感觉世界都变了。你也许还在做同样的事，但是大家都在关注你，你的一举一动都会引发讨论，只是他们的态度已经不一样了——原来是在打量你、怀疑你、鄙视你，而现在是认可你、崇拜你、喜欢你。

于是，他们变成了你的"先进事迹传播者"。他们纷纷说："我早就知道他是一个很厉害的人，别人一起聊天的时候，他都一直在看书。"但是，说这句话的人有可能是当初嘲笑你最狠的人。

看不起、看不懂、看不到，是每一个持续行动者在成长的道路上必然要经历的阶段。但我们要认识到，在持续地做一件事情时，周围的人对我们的态度其实取决于我们自己。

当我们持续地做一件事情，穿越 10 天、100 天、1000 天，必然要经历周围的人对我们态度的变化。提前了解到这三个阶段的存在，能让我们在持续行动时保持平常心。

当你持续行动 1000 天的时候，往往能实现质的飞跃，你会见证自己的高光时刻，也会看到很多人不同的反应。不要被不同的反应干扰，因为我们还有更长的路要走。

自己做不到的事情，能不能教别人

如果有一件事情，我们自己都做不到，那么能不能教别人？对于这个问题，一般有两种观点。

观点一：自己做不到的事情，怎么教别人啊？以其昏昏，使人昭昭吗？教别人做一件事情的前提是自己能做到，知道在做这件事情的过程中有哪些注意事项，这样才能教好别人。只有自己先做到，才有可信度和说服力。

观点二：虽然自己做不到，但可以教别人。古人有云，弟子不必不如师，师不必贤于弟子。那些路边的方向指示牌，虽然从来没有去过目的地，但是仍然可以帮助人们找到方向。那些中学的优秀老师，可能并不是从顶尖学府毕业，但是照样培养出考上名校的学生。这就说明，即使自己做不到一件事，也不妨碍教别人做到。

每次讨论这个话题，都能引发各种争论。如果你现在也不知道哪种观点是对的，那么不妨看一下以下的场景，说说你的观点。

场景一：写作教练在网络上教别人如何写出阅读量超 10 万的文章，但是他自己公众号的文章，平均每篇只有 1000 左右的阅读量。尽管如此，这名写作教练每次开课，都能招到不少学生。

场景二：有的人专门教别人做新媒体营销，但是自己在微博、微信公众号、今日头条、抖音上面的粉丝却不算太多。尽管如此，他分享的一些涨粉方法仍然很受欢迎。

场景三：一些商学院里的讲师虽然没有参加过商业实战，但是由于对讲稿非常熟悉，对各种商业案例信手拈来，每次讲课也能让学员收获很多知识。

如果这些场景仍然让你感到困惑，那么你可以换位思考以下两个问题。

问题一：你要学一门技术，现在有两位老师供你选择。第一位拥有丰富的实战经验，却不擅长讲课；第二位没有太多的实战经验，但是特别擅长传授知识，让你感觉能听懂。你会选择哪位老师来教你？

问题二：你要学一门技术，但你是外行，看不出来两位老师中哪个更有经验。这个时候，你会根据什么条件来选择呢？

我们都希望有好老师教，但是未必能辨别

与很多人看病时都想挂专家号一样，我们在学习时也想找到有经验的老师。如果老师教给你的事情是他自己做不到的，你愿意跟随这位老师学习吗？很多人都会说，那我还是换个老师吧。但是问题在于，我们未必能一眼就辨别出这位老师是否有丰富的经验。

知识付费时代的到来，让"老师"的门槛降低很多。视频内容可以提前准备，课程内容也可以以图文的形式交付。再加上一些包装技巧，而外行并不知道这些。另外，有的平台还把国外的一些资质一般的老师引进国内，利用一些人"崇洋媚外"的心态，打造出所谓的高端课程。

有了这些复杂的原因，要识别出真正的好老师，尤其是对外行而言，并不是件容易的事。

市场供需优于能否做到

当你能做到一件事的时候，你的乐趣更多地在于持续做这件事情，未必会有那么多心思教别人。真正能做好一件事而且愿意教会别人的人没有那么多，尤其是在一个很赚钱的行业。

如果有人因为做到了某件事情，赚了很多钱，那么更优先的策略是，投入更多的时间和精力去做这件事，然后赚更多的钱，而未必是教别人怎么做到这件事。当这个行业的钱没那么好

赚，但市场上还有这个行业赚钱的传言时，他就可以把这些操作方法教给别人，再创造一波新的收益。这就是先行者赚后来者的钱。

如果某个行业迎来风口，很多人想了解，也会催生大量需求。这个时候，不管你在这个领域有没有做出成绩，有没有拿过成果，只要能为他人提供教学，就可以赚钱。这个时候，市场供需优于能否做到。

曾经很火爆的写作、区块链、短视频、私域营销、个人品牌、人工智能等课程产品，都经历过类似的周期。全社会都在关注一个新的趋势，大家又兴奋又恐慌，如果有一个人能为大家答疑解惑，那他就能为他人创造价值，从而赚钱。这个时候，抓住市场机会是第一要务。哪怕每个人只找他学习一次，他也可以获得足够多的生源，从而在短期内赚到这笔钱。

这时候如果你陷入道德评价，纠结老师有没有做到，而不是自己能不能学到，就过于狭隘了。老师即使没做到，但是了解得比大多数人更多，能把事情讲清楚，就也能帮大家解决问题。

当需求足够强烈的时候，就一定会有人为了盈利而生产，这是商业社会的基本法则。

好学生成就好老师

在讨论做不到某件事的人能不能教别人这一问题时，支持者最经常使用的论据就是，那些偏远山区的老师从来没有上过重点大学，一样可以把孩子培养成考上清华、北大的优秀学生。这不就说明即使自己做不到一件事情，也可以教别人做到吗？

这是两个不同的概念。如果你持续教学，那么总会遇到天赋异禀的学生，他们经过你的点拨取得了非常好的成绩。这未必说明老师教得好，反而说明学生成就了老师。

当你持续做一件事情时，总会遇到各种各样的情况，而符合你预期的情况，哪怕只有一个，都会成为你能力的证明。人们在看到成功案例以后，就会认为非常具有说服力，因为人们总是更容易相信生动鲜活的案例。

所以，对于一位自己无法写出爆款文章的写作老师来说，只要持续教人如何写作，总有一天会遇到一位能写出爆款文章的学生。你只要坚持到了这一天，就可以用前文中的"观点二"的方式来证明自己是一位好老师了。

总会有优秀的学生让老师光芒四射。如果你没有遇到足够优秀的学生，那就说明你持续行动的时间还不够长。

如果教学是表演，演技派终将胜利

《今日简史》提到这样一个观点：在信息技术和生物技术发展起来以后，人和机器的边界会越来越模糊。人的情绪、意志，本质上是大脑神经元的活动。大脑神经元的活动，就是电位的传导过程。生物技术可以捕捉到这些传导，而信息技术可以把这些电信号转换成数字，拿来记录和分析。这样一来，我们就可以利用生物技术和信息技术反向模拟人的大脑，甚至制造出大脑。人和计算机的边界，已经开始模糊。

当我们把所有的人类活动归结到神经元电位传导的时候，就会发现，所谓的人类社会变成了一堆电信号的运算过程。这算是技术的暴力美学，人类的情绪、意志，在技术面前统统都不见了，只剩下一堆 0 和 1 的电子信号。

借用这样的思考方式，我们可以理解教学到底是什么。如果我们把教学当成一种展示，老师在讲，学生在听，那么它的本质就类似一种表演。表演的时候，演员要根据剧本来演戏；教学的时候，老师要根据教学大纲给学生上课。

我们如果把教学当成表演，再借助信息技术，就可以想象这样的场景：以后你在各种机构看到的顶级老师，未必是经验最丰富的，但可能是长得好看的、年轻的、会表演的老师，他们只需按剧本演出即可。老师的背后有一个庞大的团队编写教案，这就像编剧负责写剧本，演员负责演戏一样。有了无线通信网络技术的支持，我们可能只需要几位明星老师，就可以满足全国所有学生每天的听课需求。借助虚拟现实技术丰富感官体验，再加上当地辅导老师的配合，学生可以更好地完成学习过程。

有人认为老师只要完成教学大纲就可以，至于老师自己能不能做到他说的事，其实并不重要。当老师只需要根据教学大纲完成任务时，就说明老师是谁变得不重要了。以这样的逻辑思考，随着人工智能的发展，绝大多数老师最终可能会变成助教，从事一些辅助性的工作，甚至被淘汰。由人工智能生成一个虚拟的、完美的形象，就可以完成教学工作。

老师和学生应该共同成长

在豆瓣读书的网站上，图书榜单通常有两个醒目的分类，一个叫"虚构类"，一个叫"非虚构类"。非虚构类作品需要依托事实，作者要对内容的真实性负责，而虚构类作品的作者可以充分发挥想象力。

任何处于模糊边界的行为都会带来一些麻烦。如果你编了一个故事，那么需要提前声明这是虚构，这样别人才能够专心欣赏你的想象力。一个演员在影视作品里扮演一名杀人犯，在真实生活中就要被法律制裁吗？生活常识告诉我们，并非如此。如果别人都知道你在演戏，那么大家也会配合你的工作。

同样的道理，如果作为老师的你没有做到一些事情，却要教别人做，其实也应该有一个类似的声明。不过，在现在的环境中，老师不会专门声明自己没有做到，学生也并不都在意老师这方面的成就。

强调老师有能力做到一件事情，这本质上增加了教学内容的可信度。即使是演员要扮演一个角色，也需要去体验生活，才能演得像。吴京曾经为了拍摄特种兵题材的电影，专门跑到特种兵部队训练了 18 个月。如果老师要向学生传授某一项技能，自己却做不到，并拿完成教学大纲当幌子，那么这其实是不合格的事情。老师如果没有经历过、没有体验过，就会缺乏感同身受的能力，传授的内容也会变得没那么可信。路标虽然没有去过它指向的地方，但它的存在肯定是由到过目的地的人确认过的。

更重要的是，教学过程中学生的问题五花八门，老师唯有具备实操经验，才能应对学生在学习中遇到的各种问题。否则的话，老师只能负责表演，学生只能观看表演，双方无法通过沟通来答疑解惑，也会影响学习的效果。

总而言之，即使自己做不到，也可以教别人，因为市场需求决定了可以"先上车再补票"。但从长期来看，老师必须对自己有更高的要求，才能和学生共同成长。从这个角度来看，科研机构里教授带研究生的师徒模式，其实很有利于人才的培养。只有师生置身于同一战场，互相观察反应，在实战中复盘学习，才会有最好的教学效果。

所有困扰你的重要问题，
都没有直接的解决方法

"老师，我想学好英语，应该怎么开始？"

"我现在每天跟着你读《社会心理学》，但是我还是看不懂，怎么办？"

"我的 PPT 做得很不好看，想提高做 PPT 的水平，要怎么办？"

"我想学 Python，应该怎么做？"

"我想成为一名作家，要怎么练习？"

当一个问题持续困扰着你，而你百思不得其解，想要四处求助的时候，你要意识到这个问题很可能没有直接的解决办法。

不惜一切代价寻找确定感

什么叫直接的解决办法？如果你口渴了，那么你买一瓶水喝了就能解渴，这就是直接的解决办法。通过有限的简单步骤，能够获得你预期之内的结果。在生活中，我们每天都在直接解决这样的问题，并不会感到困扰。

让我们困扰的一般都是重要的问题，而重要的问题往往没有这种立竿见影的解决方案。当一个问题开始困扰你的时候，说明这个问题已经出现很久了。正因为存续的时间长，既重要又迫切，才会引起你的重视。在成长的道路上，一个积压已久的问题很难有直接的解决方案。但是我们的问题在于不愿意相信这个事实，非执着于到处寻找答案，总觉得只要找到解渴的那瓶水，就能解决问题。

我们可能会做以下事情。

（1）我们希望把所有可能解决问题的方法都尝试一下，从中选出最好的。我们会拿着一个问题，询问不同的老师。

（2）我们还希望能够在某一天从某位老师那里得到一份个人定制版的答案，然后暗示自己：这就是我要的答案，这就是我的道路。但是我们发现，好像大部分人并不会对我们的问题那么上心，于是总感觉得到的答案不适合自己。毕竟我们往往都认为自己的问题是特殊的，和其他人的不一样。

（3）我们还希望能找到一个老师，能手把手地教我们解决问题。我们通过某个平台约见了一位老师，却发现这位老师和我们聊了半天，并非真正想要解决我们的问题。然后，我们可能还会发现这位老师其实也是在利用这个平台获取客户，以销售更高价的课程而已。

最后我们发现，要解决自己的问题，只能靠自己。

我有一位朋友特别喜欢学英语，她想成为一名口译员，但是英语基础稍差。有一次，她遇到一位愿意手把手教她的老师，直言可以把她培养成口译员，但是学费需要 8 万元。于是，她想辞职专心学习口译。但这位朋友当时手头并没有 8 万元，她还打算通过贷款来交学费。这位朋友来问我的意见。我的建议是好好上班，边赚钱边学习。我非常了解这位朋友的状态，就她现在的英语基础而言，不需要辞职专门花 8 万元跟着哪个老师学习。姑且不说这位老师有没有这个水平，光是诱导别人网络借贷，就有诈骗嫌疑。

这其实反映了很多学习者的心态：不惜任何代价都要寻求确定感，不愿意相信自己，更愿意相信所谓的"专家"。是不是真正的专家他们也不在意，只要看上去像那么回事儿就可以。

网络上有一种"神奇"的店铺，专门售卖各种"回心转意符"。有的人在恋爱遭遇挫折，特别是另一半变心时，就会购买这种"回心转意符"。下单以后，他们内心就会感到安宁。如果对方真的回心转意了，那么买家就会认为：这个符真管用！当我们想通过一种简单而确定的方式解决问题的时候，我们就和购买"回心转意符"的买家没有什么区别了。

很多人就是希望找到这样的"定心符"。他们的思考逻辑是这样的：我平时没有动力学习，总是害怕遇到困难，如果我花了大价钱去学习，受到了刺激，就会有动力的。花大价钱意味着自己不仅可以找到好老师，提高学习效率，还能结识更优秀的同学，成长的速度会更快。

但是结果更可能是，当他们花了大价钱以后，"痛感"能够让他们激动三五天，一个星期后，便会习惯这个感觉，接受钱已经花出去的事实，又会回归到原来的状态。更有可能的是，在花了大价钱之后，他们变成了老师的代理，通过销售获取提成，把学费赚回来。这就叫"炒股炒成了股东，上课上成了代理"。

一番折腾过后，我们会发现最初要解决的问题仍然存在，情况完全没有好转。其实换一个角度，换一种心态，这个问题就容易破解了：要解决所有困扰我们的重大问题，只能靠自己。没有直接的解决方案，方法需要我们自己去探索。其他人哪怕对我们有一点儿帮助，那都是意外的好运。

解决复杂的问题主要靠自己

有一类人，他们只要看到别人做的事有一丁点儿不好，就全盘否定这件事或者这个人。这类人很可能是新手小白。还有一类人，总能从别人做的事情上找到一个让自己受益的地方，然后就觉得自己把花出去的钱都赚回来了。这种特质在老板身上更容易见到。

两种行为的背后是两种不同的心态，即是否靠自己。新手小白指望别人提供直接可用的解决方案，当这个方案无法满足自己的要求时，就心生不满。老板心中有数，知道自己面临的问题没有直接的解决方案，只能靠自己，于是在摸索中，老板逐渐形成自己的策略，只要能获得有用的启发，哪怕只是一句用得上的话，都会认为有价值。老板总是认为自己有所收获，小白总觉得别人亏待了他。而有趣的一点在于，小白还会认为老板被人占了便宜。

在解决问题时，你习惯靠自己还是靠别人？你的选择决定了后续的前进方向。

我认为，人生中长期困扰我们的问题，只能靠自己解决。饭是自己吃的，日子是自己过的，未来也是自己的，没有任何人能为我们负责到底。一旦这么想问题，我就会勤快一点儿，多做一些事情，因为我知道别人靠不住，遇到棘手的问题，还得自己出马。诚然，我们可以通过寻找更专业的人解决我们需要解决的问题，但是这些人不还得自己去找吗？

　　以凡事靠自己的心态思考问题有一个好处：你不会特别介意解决这个问题的"姿势"好不好看。很多同学在开始学习的时候，特别在意自己的学习方法对不对，特别害怕自己因为走了弯路被别人笑话。社会心理学中有个名词叫"焦点效应"——人往往会把自己看作一切的中心，普遍高估别人对自己的关注程度。在公共场所，我们总觉得所有人都在关注自己，于是感到浑身不自在。其实，并没有那么多人注意我们，我们不会无缘无故地成为焦点。

　　当我们开始做一件事情的时候，往往会过度在意方法对不对、效率高不高、方案好不好。这些问题固然很重要，但是我们没有必要在这些问题上花费太多的时间。刚开始的时候，一切都是不确定的，我们难以看清方向，做规划时也不可能考虑到未来的所有情况，必然会有试错与调整的阶段。随着时间的推进，持续改进，我们会慢慢变得更好。

　　我们刚上小学的时候，家长会纠结到底请哪个数学名师来教我们四则运算，但是当你上了大学，没有人在意是谁教你的四则运算，毕竟大家都已经掌握了。更没有人因为自己的四则运算是在知名小学学的就高人一等。现在我们的知识水平已经远高于当时学习四则运算的水平，水平提高了，用什么样的方法学会的就已经不再重要。

　　成长进步也是一样的道理，如果你要做的是学会四则运算，那么不管采用什么样的方法，最终目的是让自己掌握知识。掌握了知识以后，你便可以踩在这些知识上继续前行。当走得足够远、水平足够高时，你再回头看，就会发现自己当时纠结的很多问题并没那么重要，哪怕走了弯路也完全没有关系。

打个比方，你在小学的时候，做算术题总比别人慢，需要老师给你补课。你曾用了两个周末，多做了 500 道练习题，你因此特别不高兴，觉得自己玩的时间少了，好像吃了亏。但是 10 年之后，你就根本不会在意这个问题了，因为你早已远远超越这个层次了。

解决生活中困扰我们的重要问题时也是如此。不要总想着从别人手里获得"灵丹妙药"，要靠自己"炼制"。在"炼制"的过程中，别人的经验分享和启发可以锦上添花，但不能代替我们思考，更不能代替我们完成本应该自己做的事情。

10000天

避开长期主义的陷阱

第四章

长期主义真的好吗

近几年，长期主义被社会与媒体广泛讨论。所谓"长期主义"，就是一种重视长远利益和长期目标的思维方式或行为策略。长期主义倡导个人和企业在决策时，将短期利益让位于更大的长期价值，持续投入时间、精力和资源，最终实现可持续发展。

长期主义与持续行动的理念整体一致，都是探讨在时间的维度下，如何才能更持久。但是在实践中，我发现了许多人在理解上仍然出现了偏差。

长期主义不是按天打卡

2016 年 9 月的一天，我刚好把持续写作这件事情坚持做了1000 天，我对此充满成就感。我修改了社交平台上的个人介绍，加上了"1000 天持续行动者"标签，到处分享我的经历，生怕别人不知道我做了一件看上去很厉害的事情。

　　因为这个"1000天持续行动者"的标签，我认识了很多同样标榜自己很能坚持的人。观察他们持续行动的方向，我大开眼界。有的人说自己坚持了5年记账，有的人坚持8年早起，还有人说自己坚持10年喝咖啡，我甚至见过一个人介绍自己坚持5年泡脚。

　　但我很快意识到一件很可怕的事情：我越是强化这个标签，就越是限制了自己的可能性，也限制了我的社交圈。于是我就不再使用这个标签了。当我们持续行动了很长一段时间时，一定要思考这个动作会把我们带到什么地方、能拿到什么结果，而不是一味标榜自己坚持的天数，否则就会犯方向性的错误。

　　有一些自称是长期主义者的人认为，只要他们坚持行动，每天打卡，一步一个脚印地往前走，就一定可以到达成功的彼岸。还有一些人认为，长期主义就是买一个很昂贵的商品，只要能用很多年，就算长期主义。

　　如果只关注时间的长度，我们就可能不是在做长期主义的事情。长期主义不是按天打卡。我们要思考每一天的行动，有哪些可以提升的地方。在持续行动的同时，还需要刻意学习，才能真正地提升。

　　只强调自己坚持的天数，一厢情愿地认为只要天数足够多，结果就能水到渠成，本质上是一种偷懒的思维。时间本身就是自然向前流动的，你总可以找到一些事情是自己每天都在坚持做的。

我已经坚持呼吸了 1 万多天，坚持给手机充电 5000 多天，坚持上班 3000 多天，但这都不算是长期主义。

长期主义是要思考，在更长时间的范围内要达到什么目标、拿到什么成果、成为什么样的人，而不是陷入天天打卡这个过程进行自我感动。

克制盲目优越

长期主义给人带来的另一个影响就是，当有人认为自己很能坚持，持续行动了几百天，认为自己是长期主义者的时候，心中就会产生莫名的优越感。他们开始瞧不起身边的朋友，也看不惯一些社会现象。他们甚至在商业研究时候，有很强的先入为主的错误偏见，不愿意沉下心分析学习。在遇到自己不喜欢或者看不懂的商业模式时，就会立马否定道："这样搞，不可能长久。"

这就是某些长期主义者盲目的优越感。他们认为一件事情如果不能长期积累，长期见效，就是无意义的。对他们而言，长期主义成了一种拖延战术。当你问他们什么时候有结果，他们说要学会长期主义。当你自己想出了解决问题的办法，他们又说这种办法不可持续。

这是对长期主义认识肤浅导致的。如果一个马车车夫坚守真正的长期主义，那他就不应该在马车被淘汰的时候仍然坚持用拉马车赚钱。他应该思考他所从事的行业真正可持续的事。真正的长期主义是把乘客从一个地方安全、舒适、快捷地送到另外一个地方。如果他能在这一点上思考得很透彻，那么他就应该在汽车代替马车的时候，去当司机或开运输公司。

当一个马车车夫沉浸于自己坚持拉马车多少天的时候，一旦汽车浪潮到来，这些天数就只是一个数字，毫无意义，所谓的优越感也会化作泡影。

意识到长期主义的短期短板

有一年，一家快餐巨头企业准备改名，我认识的一位小伙伴在知道这个消息的第一时间，抢注了该企业新名字的全拼域名。两小时后，他就把域名转手卖出，赚了五万元。当时我问他："你为什么不多等一会儿，说不定还会涨价。"他说："这就是一个短线生意，趁着热度还在，有很多人想入手，快速交易比较合适。一旦热度下去，需求降低，就很可能会砸在自己手里。"

长期主义绝对不是闭门造车，不是只关注打卡的天数，而是关注世界的变化与发展，实事求是地了解可能出现的、必要的动向。长期主义绝不是埋头苦干、一厢情愿地做事情，无视社会趋势的变化。

我们都希望美好的事物能够长长久久。然而，有一些机会就是短期机会，有一些热点就是短期热点，有一些苗头就是不可能持续下去。如果我们还陷在长期主义的自我感动中，想和时间做朋友，那么我们就会错过时代给我们的机会。

实事求是地研究问题、做出判断。如果这是一个长线的趋势和问题，那我们应该有定力去坚守，如果这是一个短线的浪潮，那我们要思考自己能做些什么，可以紧盯趋势、密切观察，也可以围绕自己的目标，采取力所能及的行动。千万不能有一种错误思想，觉得自己是长期主义者，只要在家数着天数打卡，结果就会自动送到眼前。

从这个角度来看，从无到有很难，而忘记已有成就、突破自我，更是难上加难。但是，持续克服困难、再创佳绩，不正是长期主义者要做的事情吗？

打赢长期主义的话语权斗争

很多长期主义者，在话语权斗争上是失败的。根本原因在于长期主义者在相应的领域，躬耕多年成为专家，心中存在很多敬畏。他们的表达对于普罗大众而言，仍然存在较高的理解门槛。大众会将这些专家视为权威，认为与他们很有距离感。而真正在一线，贴近市场主动营销的人往往不是长期主义者。他们不在意自己的专业能力是否能够长期提升，他们更在意把当下的服务做好，以获得更多的利润。

如果一个专业能力不强却善于传播的人，把自己的信息铺满公共空间，那会出现什么情况呢？这个人在专业领域里可能不会被所有的同行接受，甚至可能被排斥，但是由于他在公共空间里的声音更大，反而会获得更大的影响力，甚至赚到更多的钱。

专业能力强且做事靠谱的人常常不太注重传播；而专业能力稍弱却专注于传播的人，总是可以轻易地占据公共空间的注意力资源。

耕地不种庄稼，就会长满杂草。各个领域里靠谱的人还是应该多努力在网络上发声，通过表达展现出自己在该领域的专业性与靠谱程度。从个人角度来看，把自己的事情做得好，然后过上好的生活，是一件很幸福的事情，如果顺便再力所能及地对一些人产生积极影响，更是善莫大焉。不然某一天我们会发现，那些非专业人士充斥网络，他们大言不惭地误导着用户，那真是这个行业的悲哀。

总有人做得比你好，总有人说过你说的话

有位朋友受我的启发，也开始写作。持续两年后，他出版了自己的作品，在他从事的行业内积累了一定的影响力。在很多人看来，他就是成长进步的典范。但是私下里，这位朋友却和我说，他总觉得自己写得不够好，总觉得自己说的话别人已经说过，为此诚惶诚恐。

我也有过同样的经历，有时候写出一篇文章，就会有人说："你说的不是已经有人说过了吗，在某本书上有。"吓得我以为出现雷同，赶紧去查那本书，发现其实也不是一回事。后来我就释怀了，因为有些读者需要用一句简单的话，比如"这个我懂""我看过""和那个谁差不多"，来评判自己阅读过的文字，这能使他们获得优越感。

退一万步讲，即使我们说的话真的有人早已说过，我们做的事也早有人做过，也不必害怕。正如网络上流行的一句话，人类的本质就是一台复读机。我们的基因通过自我复制完成细胞的分

裂与生命的繁衍，一代人总要重复上一代人所做的事情，养育自己的下一代。一家企业的创始人总想把理念复制到每一个员工身上。世界那么大，总有人做得比你好，总有人说过你说的话。

大狗要叫，小狗也要叫

随着影响力的扩大，一个人会有机会接触更多优秀的人，更容易觉得自己做得不够好。当你觉得自己不够好的时候，就会陷入自我怀疑，感到束手束脚，一边做事一边评判自己，无法像以前那样单纯地做一件事。

我曾被朋友邀请加入一个微信群，群里面有位朋友说自己对生活感到迷茫。我最开始以为他所说的迷茫就是那种常见的刚进入职场的迷茫，结果他说自己创业两年，在公司被别家以 2 亿元收购后，自己感到很迷茫。听他这么一说，我反倒开始迷茫了。

有自我评判的意识，说明我们已经认识到自己的能力是有边界的，也进一步说明我们能够客观认识自己的能力。当一个人连自己的能力水平都看不清时，他就更容易过度自信，觉得自己天下无敌。

自我评判并不是坏事，至少可以让我们保持清醒，但是若用力过猛，就会干扰我们的认知，影响我们的工作。你在做事的时候，时刻在脑海里想着"我不是做得最好的，总会有人做得比我好，我做的事情也毫无意义"，心思就不在好好做事上面了。

　　总有人比我们做得好，总有人说我们说过的话。这些想法完全不应该成为干扰我们做事的因素，也不能成为我们一事无成的借口。

　　我家附近有个小花园，许多人每天傍晚都会到这里遛狗社交。狗的品类挺多，泰迪、金毛、萨摩耶、秋田、柯基、哈士奇……我看到这些体型大小不一的动物时，就会想：小狗看到大狗会不会自惭形秽？会不会因为知道有狗比自己体型更大，就不玩不叫了？

　　恰恰相反，有主人在的时候，越小的狗往往叫得越大声。不管大狗小狗，玩得都非常欢脱。契诃夫曾经说过："世界上有大狗，也有小狗，小狗不该因为大狗的存在而心慌意乱。所有的狗都应该叫，就让它们各自用上帝给它们的声音叫好了。"

　　有时，当我们努力地开拓新边界，到达新彼岸时，可能发现已经有人在那里等候多时。我们梦寐以求的事物，可能却被另一群人视如草芥。

你的极限，别人的起跑线

　　你的极限也许只是别人的起跑线。这个事实会让我们对世界感到失望吗？恰恰相反，我们更应该为此感到欣喜，因为这意味着我们给自己设定的极限并不是真正的极限，我们还有更大的潜力可以挖掘，而且生活不会那么快变得无聊。

正如前一章所述，最牢不可破的优势其实是时间优势。我们想达到的目标，也许有的人上一辈已经做到，于是下一代人可以直接在这个基础上继续发展。但这其实没关系，因为他基础再好，最终还是没能逃离你的视线，而进入视野的目标，始终要比在认知和视野之外的，更有实现的可能。如果一个人跑得实在太快，那么你可能连他的影子都看不见。

我有一位朋友，她的父母是随她的祖父母来的北京。她的父母在外地出生，在北京长大，在北京工作。她在北京出生、长大、读大学，也在北京工作。所有北漂操心的买房问题、户口问题，在她的身上都不存在，她只要好好工作就可以，甚至可以不为了赚钱而工作。

我到北京已经十年了，刚来的时候，既没有亲戚可以投奔，也没有自家的房子可以住。我的父母生活在家乡，我一个人在北京找工作、租房子、过日子。如果我想在北京拥有自己的房子，就只能靠自己。

当我选择留在北京工作的时候，你觉得我需要因为这样鲜明的对比而焦虑吗？需要因为别人已经具备的物质条件而怀疑自己北漂的意义吗？完全没有必要。

在过去的几十年，她的家庭通过努力积累了优势。而这些靠时间积累出来的优势，不是那么容易被超越的，除非我们赶上时代红利才能实现弯道超车。

　　那我们就要自暴自弃了吗？也没有必要。只要我在北京认真发展，做好自己的工作，也能慢慢积累自己的优势。有的人向往罗马，而有的人就出生在罗马。这反而说明了我的进步，实现了迎头赶上。

看上去很像，但未必是一回事

　　当我们坐在飞机上从高空往下看的时候，地面上的房屋或汽车好像都长得差不多。当我们在大街小巷穿行的时候，每一个小区，每一辆车，都有不同的样子。我们如何看待一件事情，取决于我们看待问题的角度。如果我们的距离足够远，那么一张张活生生的面孔就会变成流量、数字，或者仅仅是一串抽象的符号。这个时候，那些活生生的人对你来说，都是一回事。

　　大众面对数字的时候，感受到的只是一个模糊的概念，但当一张张鲜活的面孔出现在自己面前的时候，我们便能更清晰地意识到每个人都不一样。

　　学习也是一样。当目光扫过书架时，你会看到不同的封面设计和不同的作者。如果你未曾将时间和脑力投入其中，未曾深入了解书中的内容，那么书中的鲜活思想也都会被你打上"差不多"的标签。

　　你远远看一棵树的时候，看到密密麻麻的叶子好像都一样。但是世界上没有完全相同的两片树叶，当你端详两片树叶时，你会发现每一片叶子都有自己的独特之处。

站在不同的角度看问题，看到的情景是不一样的。于是，你总能找到一个角度，从这个角度来看，我们每个人都相同。但是，也总有一个角度，会让我们和其他所有人都不一样。

所以，当我们说一样或者不一样时，隐藏了一个前提——我们所处的位置。有人说你和别人一样的时候，反而暴露了他处在什么位置。于是，你要知道他和你所在的层次不同，如此而已。

现在即使像，以后也会不一样

有一年春节，我被拉进了初中同学微信群。进群一看，初中同学都凑齐了。十几年没有联系的老同学，突然在微信群里相聚、畅聊。这么多年过去了，当年一起玩耍的同学，现在天各一方。有的在家乡做了公务员，而且身居要职；有的远嫁外地，孩子快小学毕业了；有的当上了老板，每天都在群里展示自己的生活……

以前我总是会想，为什么同一个班的同学在毕业 10 年、20 年、30 年后，每个人都变得不一样了呢？那年夏天坐在教室里的，只不过是一群嬉笑打闹、不爱听话的孩子。后来我才明白，一个班的同学在一起学习与生活时，大家组成的集体就像一滴墨水。毕业以后，各自走向社会，就像墨水滴入社会的海洋中。海洋把墨滴冲散，使得每个人随着波涛的涌动，扩散到四面八方。很多年以后，每一个人都可能在完全不同的地方，过着截然不同的生活。如果想把当年那滴墨水找回来，那可太不容易了。最后，唯一剩下的就是大家的共同记忆了。

当把目光放在 10 年、20 年、30 年甚至更宏大的时间尺度时，我们会发现，每个人最终都沿着自己的人生方向，长成了自己应有的样子。而这个样子是外在环境和内在条件共同发挥作用的结果。我们要做的，就是认真地持续行动，认真地生长，至于别人做得是否比你好，别人是否说过你说过的话，并不能掩盖你自己作为一个独立的个体面对世界的事实。

时间会放大我们彼此之间的细小差别，直到几十年后，这种差别变得足够明显。此时，我们才惊叹：怎么变化那么大。在这些差别被感知到之前，我们也许并不会在意。我们在时空隧道中缓缓前行，可能并不能清醒地意识到我们正在成为谁，正在朝着哪个方向走去。

其实我们每个人都是不一样的，只不过有时候看上去很像而已。正因为如此，我们更要珍惜在持续行动的道路上遇到的每一个人。一次忽略、一个取消关注、一次擦肩而过之后，也许这一生你我再也不会知晓彼此的存在。

怎样才能稳赚不赔

我做了十多年内容，发现谈如何赚钱，热度是最高的。在三十年持续行动的跨度上，思考怎样才能稳赚不赔，很有意义。

赚钱的主要方法

1. 上班领工资

对大多数人来说，毕业后找到一份好工作是理想的赚钱方式。要么在公司一级一级慢慢往上爬，要么通过跳槽拿到更高的薪资，这些赚钱方式都是领工资。领工资是最省事的赚钱方式之一，你只要好好做完手头的事情，每个月就会有人给你发工资。

在自媒体火热的时候，有一些春风得意的作者，写文章嘲讽那些领"死工资"的人，一度引发很多人的焦虑。不要理会这些小人得志的论调，如果你真的有一份旱涝保收的"死工资"，尤其是到了行情不景气的时候，这就是最稳定的现金流。

通常来说，虽然领工资很稳定、操心少，但是缺点是钱不多。毕竟，你要先为老板创造收益，老板才能从公司的人力成本中划出一小部分作为工资发给你。为了创造更多的收益，你可能经常没日没夜地加班，而且还可能持续接受老板关于"加班好处多多"的思想教育。

2. 单干，做自由职业者

互联网为很多普通人提供了赚钱的机会。通过网络就可以获得客户，因此更多人选择自由职业。一部手机、一台电脑，连上网络，只要一个人充分发挥专业技能，就能赚钱。自由职业的好处是自己给自己打工，自己接单自己赚钱。好处是没人管，坏处也是没人管，你需要一个人处理所有的事情。

自制力不强的人，如果没人管，就容易慢慢懈怠。自由职业存在的风险是无法发挥团队的集体效应，不确定性也高。如果自由职业者自身能力不足，无法抵御市场环境的变化，不能确保稳定的现金流，那可能还得面临"回去上班"的处境。在知识付费的浪潮接近尾声时，我看到很多曾经的自由职业者都选择继续上班了。

3. 组建团队，请人为自己工作

如果你一个人忙不过来，就需要组建团队，请人和你一起工作。你不用一开始就标榜自己是创业者，以免过早消耗掉"成功的感觉"。与其把创业当成混迹创业圈的社交手段，不如说自己在做小生意。

做小生意，就要先把现金流做起来，然后再慢慢拓展市场。要做好现金流，就要服务好客户。如果客户服务做得好，就能形成良好的口碑，那么现有客户也会为你介绍新的客源。这个时候，多人协同工作可以帮你提高产量、增加效益。当你变成老板时，员工创造的价值会为你加持，但是你也要为团队的发展尽心尽责。每天睁开眼，你都要与成本打交道。你要带领团队不断向前走，这时，你的认知上限就成了团队的瓶颈。带领一个团队，本质上就是在做企业。企业会遇到的所有问题，你都会遇到。

除此之外，影响赚钱的另一个重要因素是行情。行情变化的表现就是你提供服务的目标人数的变化。如果需求量大，水涨船高，你的订单量就会增多，你就容易赚到更多的钱。如果需求量小，那么订单量就会减少，你的利润也会受到影响。

稳赚不赔，很有难度

那有没有稳赚不赔的赚钱方式呢？有的人说："天底下没有这么好的事情。"还有的人说："我可以教你如何稳赚不赔。"

如果你是职场小白，就不要产生稳赚不赔的贪念。这样的想法更容易让你上当受骗，成为他人的"下酒菜"。如果你是一位坚持3年以上的持续行动者，准备开始30年的持续行动，那么稳赚不赔这个问题还是很值得你思考的。

赚钱的核心就是有人购买你的产品或者服务，而决定因素是购买者的需求。这个需求既可以是消费者真正的需求，也可以是商家挖掘的消费者需求。谁能洞察消费者的需求，谁就能更好地操纵和影响需求，获得更大的利润空间。

我们把提供商品或服务的人叫商家，把购买商品或者服务的人叫消费者。商家和消费者处于同一公共空间。如果你在国内做电商，那么你和你的目标客户就生活在同一个国家，都要使用微信、微博等社交媒体工具，都会看新闻，共享着重要的社会信息。如果你做跨境电商，那么你就要常常使用海外用户常用的社交工具，以便与消费者处在相同的公共空间里。

在这个公共空间中，商家可以通过营销手段、品牌公关、内容传播等方式，对消费者的认知施加影响。消费者有意或者无意中会受到商家的影响，进而做出是否购买一件商品的决策。相信很多人都体验过，当你发布朋友圈的时候，你会对看到这条的朋友产生影响。这些影响有时会改变一个人的观点，甚至直接触发购买行为。

我曾经在朋友圈里推荐过一套多年前出版的，名为《院士思维》的图书。我发现这套书的时候，其市场价格是一套数百元，在我推荐后由于购买人数较多，这套书在不到一个月的时间内涨价到了 2000 元。

商家为了树立一个新品牌的口碑，会想方设法地在消费者心中留下该品牌的烙印。因此，在消费者的头脑中建立对品牌条件反射般的印象，具有极其重要的意义。等到消费者需要的时候，他第一反应就想到你的品牌。现在很多人打车时的第一反应是想到滴滴出行，这就是品牌在消费者心中形成的一种条件反射。

这就是一个大规模"洗脑"的过程。这里的"洗脑"不是贬义词，而是意味着"把想法植入大脑"。谁能给更多的人"洗脑"，谁就能获得更多的经济收益。谁能建立更大的团队，找到更多的人帮你"洗脑"，谁就能获得更高的市场占有率。

给消费者"洗脑"的难度要比我们想象的大很多。每个商家都想给消费者"洗脑"，商家和商家之间也存在竞争，并不是每一次都能成功。首先，每个人的想法都不一样，消费者会越来越明白你在做什么。而且，商家可以投入的用于"洗脑"的资源也是有限的。

鉴于这些因素，稳赚不赔其实是一件很难的事情。但是我们不妨思考一下，如果我们的目标就是稳赚不赔，那么我们需要做些什么才能逼近目标呢？

需求持久，赚钱才能持久

如果你想稳赚不赔，就要思考什么需求最稳定。如果消费者的需求极其稳定，就不需要专门给他们"洗脑"。

这里就要借助时间的作用了。前一章我们讨论过，如果你能占到时间的便宜，你的优势就会很牢固。同样，我们也要思考什么需求在消费者身上存在的时间最长、最牢固。

我们先把时间的尺度拉大，从 1 万年的时间尺度开始梳理。

1. 万年级的需求，关注生理本能

把时间尺度拉大到万年的数量级，消费者的概念退去，人类的概念显现。如果你翻阅历史，那么在以万年为计量单位的时间下，我们都是古猿进化而来的。进化在我们身上留下的痕迹，至今仍然在影响我们。生理需求、生存需求、择偶繁殖的需求，在万年前就已经存在，而且相当稳定。

2. 千年级的需求，关注身份认同

再思考千年的数量级，人类作为一个物种的概念弱化，作为文明、民族与国家的组成部分的概念显现。几千年以来，人类更因从属于某个文明体系而与其他人不同。中华文明的发展也属于千年的数量级，如今基于民族认同和民族文化而产生的需求，都经历了上千年时间的影响与沉淀。与节日仪式习俗、传统文化相关的需求，以及支持国产的思潮，就属于这个级别的需求。

3. 百年级的需求，关注社会环境

进一步缩小至百年的数量级，在特定的文明体系下，人作为具体某个时代或者社会形态下的一员这一身份特征更显著。我们现在的生活习惯与生活方式，甚至我们所说的话，都更受到近百年历史的影响。20 世纪初期的白话文运动影响了现代人的写作与

表达方式，否则你现在看到的可能都是文言文；100 多年前的辛亥革命，推翻了几千年的封建君主专制制度，为我们进入现代化社会打下了政治基础；19 世纪的第二次工业革命，推动了社会现代化的进程，我们现在享受的科技成果，便是受到这个时代的影响。如今，人们对于外语的学习需求，对于出国深造和全球化交流的需求，就属于这个级别。

4. 十年级的需求，关注技术发展

再缩小到十年的数量级，我们处于什么样的家庭以及具体的社会浪潮，对需求的影响更明显。最近十年的移动互联网浪潮改变了人们的生活，而这个浪潮是信息技术革命带来的结果，这些变化都是在几十年内发生的。最近几年，"原生家庭"这个概念比较流行，这其实是个体意识觉醒，经过信息技术的催化而形成的社会讨论。以十年为时间尺度，具体的国家政策也会对我们每个人产生影响，从而催生相关的需求。对信息服务的需求，对心理健康的需求，对自我意识觉醒的需求，就在这个范畴之内。

5. 一年级的需求，关注趋势变化

再拉近到一年的数量级，个体在持续行动方面的努力将产生实际的影响。我们参加了一门课程或一场活动，持续了一年的时间，自己的生活就会因此发生改变。一年左右的持续行动对我们的影响往往是话题性质的，而且很多是人为制造出的热点。消费者相应地也会有为期一年左右的需求，比如健康管理的需求，理财的需求，追求社会热点消费的需求。

　　以上是我根据时间长度的不同量级，提出的一个思考框架。回到思考的起点，我们想探讨在消费者身上，什么样的需求更持久、更牢固，而我提供的解决思路就是回溯时间，以不同长度的时间为参照，以此思考消费者会有怎样的需求。

　　把不同时间长度的特点梳理完以后，我们可以发现一些规律。如果影响我们生活的因素越重要，那么我们可能越感知不到它，因为它已经融入我们的生活，我们对其习以为常，自然毫无觉察。水和电是生活的基础，我们已经习惯了它们的存在，不会随时担心它们会出现问题。如果你去过一些水电资源匮乏的国家或地区，那么就会发现生活中水和电能稳定供应也是一件幸福的事情。手机信号随处都有，所以我们能随时登录社交平台，了解朋友的动态，但是身处茫茫戈壁时，你才会意识到通信基站有多么重要。我们的身体循环系统、消化系统等为我们的生活保驾护航，直到生病了，我们才会意识到它们都是不可或缺的一部分。

　　我们往往忽略这些重要的因素对我们的影响，反而把注意力放在那些短暂的、突发的事件上。"沉默"的因素大多不容易被我们注意，然而沉默无言往往更有力量。我们每天受到社会新闻的影响，被重大事件牵动心绪，而决定我们产生这样的反应的，其实是我们的神经系统，我们的神经系统也是数万年进化的结果。

　　如果想找到那些持久的需求，我们就要把眼光放长远。如果你从事餐饮行业，那么面对的是吃的需求，一个来自万年数量级的进化需求。这是一门长久生意，只要你能确保产品味道好、不出食品安全问题，就可以持续做下去。如果你的产品是办公软件培训，一个来自十年级别的需求，那么你需要考虑的就是，消费者在未来十年左右的周期中，有没有可能不再需要你的产品。如果你想在社交平台上创业，那么你要思考的就是，人们在未来一年会不会不再喜欢你的内容。

在大多数情况下，普通人对超越自己认知的年代理解得非常浅薄，例如我们不知道千年前的中国具体是一个怎样的状态。认知匮乏会造成我们对当下社会环境的理解不够，对于自己未来选择的理解不够。

基因承载了人类所有的遗传信息，我们根据这些信息生长发育。但是作为人类文明体系中的个体，我们却很少知晓人类文明的所有信息。通过梳理时间线，你会发现，我们要做的事还有很多。

如果你想赚钱，那么就应该下足功夫，找到一个既持久又稳定的需求。

教人赚钱就是"自己复制自己"

在科研领域，人们往往会根据引用次数判断一篇论文的价值。引用就是其他人在自己的论文中提到你的研究成果，代表着他人对你的研究的肯定。一般来说，被人引用次数比较多的论文，价值会更高，影响力会更大。在科研领域，人们把一名研究人员发表的所有文章被人引用的次数作为评价其学术水平的要素之一。

为了防止自己引用自己论文这种"作弊"情况出现，人们开始分别统计"自引"和"他引"的次数。这不是说一个人不能引用自己以前的文章，毕竟科研工作是循序渐进的。如果在一个人的论文引用次数中，自引比例太高，那么人们就会觉得这个作者的学术能力可能会有问题。

但是在商业领域，自己"引用"自己，自己给自己赋能，是一件正确且有益的事情。我们在没有得到他人认可的时候，就要不断地以自证的方式来获得更多人的信任。在我最开始做社群活动的时候，很多人就是因为看到我每天都在写文章、推送文章，从而对我产生信任并加入了我的社群。那时候，我就是通过引用我过去的行动和文章来证明我是值得信任的。当我们持续地做一件事情的时候，如果有人在很长一段时间内看到我们一直都在做这件事，那么我们就能得到他们的信任，并不断累积。

从抽象的角度来看，教人赚钱本质上是一个"自己复制自己"的过程。当你持续行动到 10000 天，也就是 30 年左右的量级的时候，"自己复制自己"就会是一个很有意义的话题。其实，所有存续 30 年以上的个体和组织，都要思考如何更好地自己复制自己。

你如果创立了一家公司，那么也要面对自己复制自己的问题。公司的本质是组织一群人落实愿景、使命和价值观。在不断发展的过程中，一家健康发展的企业就是要把组织的文化、理念复制

到每一位员工身上。

在持续行动的道路上，当我们从 10 天、100 天、1000 天一路走来，最终到 10000 天的量级时，我们就要开始思考自己复制自己的问题了。当然，如果你做得好，越复制自己，自己就越强大；如果你做得不好，越复制自己，失败的风险越高，崩盘得越快。

邪恶更擅长"自己复制自己"

1919年，美国有一位证券公司的老板在出售一种期票[①]，并且给出这样一个承诺：

每张期票面值 1000 美元，购买者可以在 90 天之后在该证券公司或者任意一个银行支取 1500 美元。

3 个月的回报率为 50%，这位老板凭什么敢这样出售期票呢？

庞氏骗局的故事

原来，这位老板偶然了解到一种邮政回信礼券。这种礼券的作用是，购买者可以提前在本国预付邮费，在其他国家使用。这种礼券在欧洲只要 1 美分，在美国能兑换回 6 美分的邮票，只要把邮票卖掉，就能收获 5 倍的利润。他觉得这是一个赚钱的事业，只差钱了，于是募集资金，号召大家一起买期票赚钱。为了宣传

---

① 期票是指由债务人对债权人开出的，承诺到期支付一定款项的债务证书。——编者注

这项"赚钱"事业，这位老板还找了《纽约时报》的记者来采访自己。他在采访中讲述了自己实现美国梦的故事：他从意大利移民到美国，努力工作，最后发现了致富机遇，成功逆袭。

赚钱的故事总是格外吸引人。这位老板的故事很快就传开了，很多人知道了他在做的事情，想跟他一起赚钱。期票卖得很好，他在一周内就收到了 100 万美元，这对他来说是一个好的开始。按照正常的逻辑，老板应该拿这些钱去欧洲买邮政回信礼券，然后以 6 倍的价格卖出去。

然而，他并没有这么做。老板拿这 100 万美元买了别墅、买了股票，最后只剩下一点钱。他也没有用剩下的钱买礼券，因为那个时候每年发行的邮政回信礼券加起来总价也不到 8 万美元，他就算把市场上的礼券买光，然后拿到美国卖掉，也不足以偿还投资人的利息。

到这里，你应该能看出来，老板口中这份"赚钱的事业"是无法成立的。购买邮政回信礼券、换成邮票、再卖掉的模式行不通。说得再直白一点，这就是一场骗局。

然而，期票还是要兑现的。花 1000 美元买期票的人，都指望在 3 个月后拿回 1400 美元。但是，礼券赚钱的方式已经行不通了，怎么办？

人和人思考问题的方式就是不一样。这位老板虽然在报纸上做广告，但是他压根儿就没想通过买回信礼券赚钱，他觉得，既然有那么多人来购买期票，而且一周就卖了 100 万美元，那就直接用后面买期票的人付的钱来支付先来者的利息好了。于是，当第一批购买期票的人在 90 天后要拿回本金再加 40% 的收益的时候，这 40% 的收益就直接来自第二批甚至更晚一批购买者的本金。买得早的人，其实赚的是买得晚的人口袋里的钱。

最开始大家都很开心，因为这位老板兑现期票还特别守时，甚至还能提前兑现承诺的收益。有了这些鲜活的案例，所以大家都相信跟着他能赚钱这件事是真的。那后面出现问题了吗？

这位老板的名字叫查尔斯·庞兹（Charles Ponzi），下面我就叫他庞老板好了。你也许没听过这个名字，但是你很可能听过一个词——"庞氏骗局"。庞老板最终流窜到巴西，去世的时候身无分文，他的名字却留在了历史里。

当年那个赚钱的"伟大事业"，最后是怎么暴露的呢？《波士顿邮报》的一名记者对庞老板做了调查，并发表了一篇质疑他的文章。因为庞老板当时还一直按时按点兑现期票，所以并没有什么人理会这名记者。投资人赚钱赚得好好的，不愿意相信这是个骗局。

记者不服，继续深挖，发现庞老板有犯罪前科，更关键的是，报道直接指出庞老板不可能有能力给所有人兑现收益。报道一出，庞老板闻风而逃，拿着 200 万美元来到赌场。庞老板希望通过豪赌赢一大笔钱兑付利息。指望在赌场翻身，无异于羊入虎口。毫无悬念，他失败了。新闻报道出来以后，事件不断发酵，庞老板被捕，他的公司倒闭。在法庭上，庞老板承认，自己收到的钱足以买 1.8 亿张邮政回信礼券，但是办公室里只有两张礼券样品。庞老板压根儿就没打算用钱买所谓的礼券，他唯一想做的事情就是花掉这些钱，然后用后面收到的钱填之前的坑。

庞老板做的是什么事情？他做的只是告诉其他人这个途径可以赚钱，而且收益很高。光是这一点，就让他赚了好多钱。这也充分说明，赚钱这一需求，对很多人来说真的是刚需。教人赚钱，真的挺赚钱的。

但是，这样做的问题出现在哪里呢？

庞氏骗局的底层逻辑

今天，人们会用庞氏骗局来代指各类传销活动。传销组织往往使用"高回报""躺着赚钱"等口号宣传自己，在这个基础之上，传销者采用返利、积分、发币、集资等形式包装自己，遮蔽人们的视线，让人很难看出这是庞氏骗局。在传销活动中，先加入的投资者的回报并非商业活动产生的收益，而是来自那些后加入的投资者的口袋。

庞氏骗局的概念也可以进一步延伸，泛指欺诈行为导致的脱离经济基本面的金融市场泡沫。庞氏骗局有两个关键步骤。第一个步骤是建立一个项目，找到源源不断的新人付钱入场；第二个步骤是把新人交的钱作为项目收益奖励给先入场的人，营造高收益的假象。当看到这个项目收益足够高的时候，人们会自发地为其传播，吸引更多的新人入场。

1. 找人买单

庞氏骗局有时候并不容易被发现，因为经过包装的庞氏骗局和正常的商业活动很像。如果把庞氏骗局做得复杂一些，增加资金流转环节，你更看不出项目收益来源，会把这个项目当成一个很成功的高收益商业项目，因此落入圈套。再退一步说，专业的庞氏骗局策划者可以很好地包装一个项目，而未经训练的消费者根本没有能力鉴别其真假。

庞氏骗局的第一步是找到源源不断的新人入场掏钱买单，而正常的商业活动也需要找人买单。商家如果想把自己的产品卖出去，就要不断推广，扩大市场份额，找到更多的消费者。只有更多的人掏钱买单，才能给提供商品或服务的生产者带来利润，给股东带来投资回报。

从生活常识来看，"找人买单"是生活中再正常不过的事情。当我们认为自己需要一件商品或者一项服务时，我们就会为其买单。我们不能因为一个项目需要找人买单，就武断地认定它是庞氏骗局。事实上，如果一个人提供的商品或服务没有任何人买单，得不到市场的认可，那么这反而证明了这个商品或服务是失败的。

买单不仅适用于实体商品，也适用于虚拟商品。有人认可你的理念，有人支持你的想法，有人喜欢和你一起玩……这些都代表有人愿意用金钱、时间、脑力与体力等资源为你买单。

2. 买完了，要使用、消耗

但是，买单之后发生的事情才是最关键的。

我们购买商品和服务，最终是要把这些商品或者服务真正使用或消耗掉，让它们发挥使用价值。你在餐馆点菜，点了以后你要食用；买一部手机，也要在生活中使用。不管是饭菜还是手机，最终都要在我们的身上发挥作用。

现在，请你思考以下两种情况。

第一种情况：有人买了某种商品或者服务，要么一直自己用，要么用完再卖给别人。虽然经过层层流转，但是该商品或服务最终被人使用、消耗，完成了它的使命。

第二种情况：有人买了某种商品或者服务，自己不使用，只是卖给了中间商，中间商又继续卖给下一家中间商，如此持续下去。我们一直没看到最终是否有人在使用该商品或服务。

在第一种情况下，商品被使用了以后，消费者买单所付的钱通过商品的流转通道层层回溯，最终变为商家的经济利益。商品不停地通过渠道流转到下家，最终总有一个下家把商品用了，终止其继续向下流转的过程。这个时候再也没有下家了，最后一位下家成了终端。

以写书为例。在出版社与作者约定的稿费合同中，有一种结算方式是，书出版以后，出版社收到销售回款后再与作者结算稿酬。也就是说，作者拼命写完书，出版社将书出版，再通过各种渠道铺货，最终被你选中买走。只有当你最终付款买了这本书，才能结束前面层层流转的环节。书店收到了你买书的费用，然后再定期与渠道结算，渠道再和出版社结算，出版社最后和作者结算稿酬。由于这个周期比较长，所以出版社一般要半年甚至更长的时间与作者结算一次稿酬。

如果一本书一直摆在书架上无人问津，那么书店可能会根据情况要求渠道退货，然后书会被退回出版社，出版社再把这些书送到印刷厂化浆回收。这样一来，出版社在这个项目上就可能会出现亏损。

不仅仅是出版业，所有行业的产品和服务最后都需要有人或者机构买单，这是经济活动的基本面。只有商品最终发挥了自己的使用价值，经济活动的周期才能形成闭环。商品的生产者层层向外传播商品，期待有消费者买单。买单这个动作会层层反向传导，最后传回到商家，商家会据此决定增加或者减少产量。

我们说的市场需求，指的就是最终有多少消费者愿意买单。而市场行为就是商家根据消费者需求来调整生产过程的各种决策行为。

到底是谁在使用

现在再看第二种情况，如果商品一直在找下家，那么就不会有最终的消费者出来买单并结束这种层层流转的过程。没有人真正掏钱买下这些商品，商品的生产者就无法收到来自市场的反馈。这样一来，生产者就不能从终端的消费者身上获得经济收益。

这个时候怎么办？一件商品不可能永无止境地寻找下家，否则经济活动就不能形成闭环，成本无法回收。既然没有最终端的消费者买单，那就从层层流转的环节收钱好了。

这种情况已经是庞氏骗局了，即后来者为先来者贡献收益，并且一直找不到最终买单的使用者。但是，这种项目怎么可能把所有人都卷进来变成下家呢？哪怕是正儿八经的经济行为，也不太可能让地球上的所有人都成为消费者。因此，如果庞氏骗局越做越大，一定会遇到越来越大的阻力，一定会有人跳出来反对，制造舆论并披露真相。当最终没有新人入场接盘，场内的人纷纷要退出的时候，这种庞氏骗局就会崩盘了。

是不是骗局，只看这一条

商品和服务到底有没有人在用，到底有没有人在最终环节兑现价值，是区分一个项目是不是庞氏骗局的核心点。如果有人持续为商品或者服务买单，并且消费掉商品或服务，那么这就是最基本的经济行为。

当销售者不再关心有没有人真正消费商品，而只是让后来者为先来者买单，也没有底层的业务交付时，那就可以确认这是庞氏骗局了。

为什么庞氏骗局让人"义无反顾"

今天，庞氏骗局仍然存在，而且形式多样，以致我们无法准确分辨。前文已经提到正常的经济行为要求有人使用商品，这样才能产生利润，而庞氏骗局是让后来者为先来者贡献利润。如果有人把两者结合起来，加上一些高明的伪装手段，那么我们就难以明辨是非了。

为什么庞氏骗局那么吸引人？因为人们总是希望得到远超预期的回报，而且容易高估自己，认为自己有高于平均水平的判断力。社会心理学对此已经有深入的研究，研究结果显示，我们对于自己的认知并不是完全准确的，往往存在很大的偏差。如果有人向你承诺50%收益率，你往往就会忽略风险有多大。然而，你看中的是别人承诺的利息，别人看中的是你实实在在的本金。

人对于钱的欲望是无限的，这是万年数量级的需求。所以，我们看到各种庞氏骗局层出不穷。从这个意义来讲，庞氏骗局是"永生"的，它的生命力非常顽强，"持续行动"的能力达到了极致。有时，相对于正义的力量，邪恶的力量甚至更强大，就像癌细胞反而比正常的细胞更有生命力一样。

　　庞氏骗局危害的不只是钱财，更会侵蚀人的信念。通过庞氏骗局的方式获利，会让人不再专注于商品生产和交付，从而变成只顾复制自己的"商业癌细胞"。但是，人们只有生产更好的商品，提供更大的使用价值，社会才能持续发展，才能不断地为人类谋福祉。

大脑比钱包更值钱

大脑是人体非常重要的器官。我们每天都在使用大脑，却不怎么关注并了解自己的大脑。

对自己的大脑好一些

很多人常说，要想生活过得好，就要对自己好一些，于是花钱买好吃的零食和漂亮的衣服，住宽敞的房子。但是，我很少看到有人说，要对自己的大脑好一些。我们对吃什么样的食物、穿什么样的衣服特别挑剔，却好像没那么在意什么样的信息会影响自己的大脑。

大脑在我们人生中的作用极其重要。如果有人得了脑血管疾病，大脑遭受损伤，那么他很可能出现偏瘫等症状，生活起居和交流沟通也会受到影响。而且康复过程极其缓慢，需要患者和患者家属付出非常大的代价。

除了在生理层面防范心脑血管疾病的发生，在认知层面上，我们更要注重保护大脑。我们要时刻清楚，谁在用什么样的方式影响着我们的大脑，以及我们是否接受这种方式的影响。**进一步讲，我们相信什么、不相信什么，持有什么样的观点和信念，直接决定了我们的生活状态。**

人的一生是一个持续演进的过程，如果大脑中的理念在最开始就产生了微小偏差，那么随着时间的积累，它就会慢慢扩大成显著的偏差。随着年龄的增长，我们发现越来越多的同龄人取得了远超我们的成就。当我们感到自己和对方完全不在一个层次的时候，一定要意识到，这背后都是他们多年持续行动的结果。

对大脑的改造是我们一生的课程。从出生开始，我们就在不停地学习，学习内容从吃喝拉撒到社会规则，再到专业技能。如果我们不学习，仅仅利用进化带给我们的本能，那么我们就无法应对所有的生活挑战。面对环境的变化，产生情绪变化是每个人都会有的反应。只要你的大脑正常工作，杏仁核就在不停地制造情绪波动，影响你对外界的感知。但是，仅仅通过控制情绪，我们并不能解决所有问题。

情绪如此容易被触发，以至于我们让大脑在相对理性的状态下工作是一件非常难的事情。**我们更容易被一则故事吸引，甚至可以说，在不费脑力的情况下，很多人倾向于听别人用讲故事的方式表达观点，而不是讲大道理。**

大脑喜欢听故事

故事在人类文明的传承中，发挥了非常重要的作用。但是，光有故事是不够的。在现代社会中，靠讲故事无法完成技术攻关，靠讲故事不能建成高铁。在故事之外，我们借助严密的工程计算与项目管理，完成了一项又一项的重大工程，改善了人们的生活，这些都是理智与技术的胜利。但是最有意思的是，如果你要集结一群人完成工程项目，那么仅仅依靠严密的工程技术是不够的，还需要给团队讲故事，比如告诉成员们："我们建设的是全世界最有技术难度的工程，大家好好干，一起创造工程奇迹。"

作为现代人，我们不仅要有丰富充沛的情绪，也要有充分的理性。否则的话，我们可能无法抵御那些诱人的、精心编造的会把我们带入歧途的故事。把感性和理性平衡好，协调发展才能更好地保护我们的大脑。在情绪喷薄而出的时候，能让我们及时"刹车"的，也只有理性了。

庞氏骗局就是这种看似美好的、诱人的故事。庞氏骗局在金融领域产生的杀伤力更是巨大。赚钱是每个人都有的需求，而高回报、低风险的生财之道也是我们内心的渴望。因此，即使知道庞氏骗局是拿后来者的钱作为先来者的收益，仍然有许多人惦记着高收益而参与其中。

理智告诉我们，更高的投资收益意味着更高的风险。但是，当看到投资理财网站上写着年化收益率20%的时候，总有人将风险抛到脑后。更要命的是，如果我们最开始尝到了甜头，获得不错的收益，那么就更不愿意改变想法了。

在生活中，当我们打算买电脑的时候，我们对这类万元左右的商品会货比三家，精打细算，生怕吃亏。但是当我们赚到了钱，把几万元、几十万元投资到股票、基金、理财产品中时，却不会像买一台电脑那样谨慎。我们可能只是根据收益率，就确定了大额资金的分配方案。

这就是为什么"创业难，守业更难"，也是为什么孟子说"君子之泽，五世而斩"。我们创造的成就是一点点积累的，在每个时刻只能攒一点点。等到业有所成的时候，我们却可能在一念之间就轻易押上全部的家当。

警惕让人轻信的理念

究竟是什么让我们这样草率地做了决定呢？其实是我们轻信了那些看上去很美好却危害巨大的理念。这些理念会在日常生活中不知不觉进入我们的大脑。为什么这些理念能进入我们的大脑呢？因为人们往往喜欢这样的理念。

有一次我打了辆车，在路口的交通指示灯变成黄色时，司机师傅立刻停下了车。此时，旁边车道上的一辆车以飞快的速度抢线，在黄灯切换成红灯的那一瞬间，冲过了路口。司机师傅叹了口气，对我说："这小子这样开车，迟早有一天会出事。"

有些人看到黄灯的那一刻，通常想的是，赶紧通过，能快一秒就能省一秒。如果我们都像这样加速抢黄灯，那么发生交通事故的概率就会大很多。在未来某一天，一次不成功的抢黄灯行为将可能酿成一场重大的交通事故，直接摧毁我们的生活。

这就是防微杜渐的意义，它也是我们保护大脑要做的事情。我们要规避一些信念，虽然这些信念能给我们带来短期收益，但是长期来看，稍有不慎，这些理念就会让我们付出惨痛的代价。我们之所以会让这样的理念进入大脑，无外乎在某个时刻，这些理念满足了我们某方面的需求，让我们尝到了甜头。

为什么保护大脑比保护钱包更重要？如果我们要走得稳、走得长远，那么必然要拒绝一些在短期内看上去很诱人的事情，这意味着一些潜在的损失。人们往往厌恶这些损失，更喜欢当下的收益，哪怕这些蝇头小利会让人掉入万丈深渊。

在交易市场上，如果新手因为运气和行情的加持，再加上一些投机手段，赚到很多钱，那么他们往往会把投机原则贯彻下去，直到全部亏损为止。

这就是为什么保护大脑比保护钱包更重要。我们可以为了长期的整体收益而牺牲一些短期的、局部的收益。当拒绝短期收益的时候，我们是要遭受一些损失的。但是，拒绝短期收益，在内心植入正确的理念，不受扭曲理念的干扰，其实保护了我们的大脑。从长远来看，我们终究还是会获得更大的收益。

别让公地悲剧在你身上上演

《欲罢不能》这本书讲的是人们如何上瘾的问题。其中有这么一个案例。2010 年，苹果公司创始人之一史蒂夫·乔布斯推出了平板电脑 iPad。但是，他从来不让自己的孩子使用这种设备。乔布斯曾在《纽约时报》上说，他的孩子从没用过 iPad。乔布斯说："孩子们在家里能使用多少技术，我们做了限制。"不仅乔布斯这么做，Blogger（博客）、Twitter（推特，现更名为 X）和 Medium（美国博客写作平台）三大平台的创始人之一埃文·威廉姆斯也是如此，他给两个年幼的儿子买了数百本书，却不给他们买 iPad。

《欲罢不能》中的一句话让人印象深刻："生产高科技产品的人，仿佛遵守着毒品交易的头号规则——自己绝不能上瘾。"

开发电子产品的人，不让自己的孩子用电子产品。从我们本章关于需求的优先级来看，"培养孩子"的需求是万年数量级的需求，这一需求自从人类出现以来就有了。而"使用电子产品"的需求，是十年数量级的需求。当两者相遇的时候，后者要给前者让位。

巴菲特是全球著名的投资家，被人们尊称为"股神"。他每年都会给股东写信，在信中表达他对投资的理解。巴菲特曾经说过这么一番话："大多数的公司董事会成员将伯克希尔视为自己的产业，他们财富的主要部分就是持有的公司股票。换言之，我们吃自己做的饭……查理·芒格 90% 以上的家庭资产都放在伯克希尔的股票上，而我则是 98%~99%。只要你是我们的合伙人，在任何时段，你的金融资产和我自己的资产都将完全保持同步增长。"

伯克希尔就是巴菲特的公司。巴菲特认为，投资经理人应该将自己的资产与客户的资产统一管理，以避免潜在的利益冲突。这种策略使投资经理人的大部分资产与客户的资产捆绑在一起。

巴菲特几乎把全部身家放在了自己的公司，对于伯克希尔的股东而言，把钱投在伯克希尔就是在吃巴菲特做的饭，而巴菲特也吃自己做的饭。《跳着踢踏舞去上班》一书中有一句话："凡是能在早期就为自己的资产找到可靠管理者的投资者，总能顺利晋级为富豪阶层。巴菲特就是业已被证明的最佳资金管理人。"

在古代，大多数人的生活模式是自给自足，自己种菜自己吃。之后出现了社会分工，大家相互配合，你做干粮我做酒，各有所长，相互交换，既提高了生产效率，又丰富了商品种类。后来，人们发现可以专门为了售卖或者卖得更贵而买东西，即"为了卖而买"，或者说"为了卖贵而买"。只要有利可图，就有人专门销售商品来赚钱，这进一步加快了商品流通。再后来，工厂的出现解决了大规模生产的问题，再加上交通运输的发展，人们可以把商品快速运送至四面八方，因此有人专门从事生产商品的生意，即"为了卖而生产"。

不过，为了获得更高的利润，造假问题开始出现。如果生产者在哪个环节偷工减料，消费者并没有能力鉴别。所以，我们需要专门的市场监督管理部门对商业活动进行监督检查，并且以许可证的方式授予相关的商家生产资格。现在，《中华人民共和国消费者权益保护法》就是专门用来保护消费者权益的法律。

当造假能降低生产成本并且带来高额利润的时候，并不是所有的商家都能经得住诱惑。只要有买卖，就一定会有造假的问题出现。不管打击有多么严厉，只要有利润空间，就一定会有人铤而走险。

造假者不可能不知道自己生产的商品有问题，但是仍然这样做，其实就是受经济利益的驱动。在我们生活的社会中，你会看到很多有关商品质量的丑闻，比如毒奶粉、假疫苗、地沟油等，这些都是商家为了追求利益而不顾产品质量的表现。

但是，造假者也是人，也要保护自己和家人。所以，他们可能不会使用自己生产的商品，也不会让自己的孩子使用。其想法不外乎"只要我自己不吃，我的家人不吃，那其他人吃了有没有问题，就和我没关系了"。

这种思维会造成公地悲剧。公地悲剧其实是公共管理领域里的一个问题，讨论的是个人利益与公共利益的相互关系。比如大家在一起放羊，如果羊多了，牧场的草不够，那么羊就会把草吃得一根不剩，从而造成草地沙化。最好的情况是，大家在放羊的时候克制一下，不能为了个人私利养太多的羊。但是，很多人会认为，我自己多放一两只，并没有什么影响。结果每个人都多放一两只羊，羊的总量超过了草场的容量，草都被吃得干干净净，造成草地完全沙化，最终所有的羊都饿死了，这就是所谓的"公地悲剧"。

当人们觉得外面生产的商品不靠谱的时候，又会重新回到"自己做饭自己吃"的阶段。现在，已经有一些企业回归了"自给自足"的生产模式，但是变得更高端了。在这样的企业中，接待宾客的高规格场地不是五星级大酒店，而是自己的种植基地。老板会对着贵宾说："你尝尝这个菜，这是我们自己种的，绝对没有农药；你尝尝这只鸡，我们自己养的，绝对没吃加工饲料。"所以，"我们吃自己做的饭"的意思就是，我们做的饭靠谱，我们自己也吃，请你也相信我们。

不只是商品的生产，现在很多内容也是专门拿来售卖的，用于满足特定群体的特定需要，而内容生产者却可能不相信自己的内容。曾经有人教大家"如何谈一场永不分手的恋爱"，但是"老师"本人后来分手了；也有的人教大家如何理财，结果自己的资产亏了一半；也有的人教大家时间管理，自己却有拖延症……如果把教学内容用在自己身上，那么他们不就可以解决这些问题吗？既然这些问题没有得到解决，那就说明这些内容可能真的没有什么用。生产假内容的危害可能比做假面包的危害更大——吃假面包会吃坏肚子，学假内容会学坏脑子。

但是，一个人为他人生产商品、提供服务的时候，自己的确并不一定要成为使用者。"自己做饭自己吃"的核心并不在于吃饭，而在于通过"自己吃"的方式，证明"饭"是能吃的。

所以，对于持续行动者而言，我们要做的是换位思考。当我们在一个领域深耕 30 年的时候，必然会获得相应的地位、财富与影响力。那个时候，我们会成为更有能力的人，而有能力的人就可以为更多的人提供商品或服务。如果想让产品或服务的口碑更好，那么我们就需要有"自己做饭自己吃"的精神，把服务的对象当成我们关切的人，打破以自我为中心的牢笼，才有可能更好地成事。

持续行动，刻意学习，人生逆袭

第五章

　　周星驰的《功夫》是我很喜欢的一部电影，里面有一个片段让我印象深刻。周星驰饰演的阿星与火云邪神决斗，就在阿星快要制服火云邪神时，火云邪神使出了昆仑派蛤蟆功。只见火云邪神一记猛冲，直接把阿星顶飞。阿星身体失控，直冲云霄。飞到半空时，阿星脚下正好飞来一只大鹏鸟，他一个翻身，踩住鸟背，借力继续上升。此时，云朵汇聚成一尊大佛。阿星面向大佛，双手合十，若有所悟。

　　从天上往下看，地面上的房屋只有火柴盒般大小。阿星后仰翻身，向下急速俯冲，浑身烈焰，身上的衣服被灼烧干净。靠近地面时，他突然伸出手掌，巨大的冲击波在地面冲出手掌形深坑，灰尘四起。重压之下，火云邪神一脸苦相，大喊："投降啦！"这便是那招"从天而降"的掌法。

　　在生活中，当深陷困难并与其纠缠时，我常常思考有没有可能用"如来神掌"化解问题。在解决难题时，我们不妨先提升看问题的角度。当认知有了高度，我们也更容易认清困难的本质，走出困境。

持续行动，从一件事情开始做起

　　人人都有上进心，但是万丈高楼平地起，想要改变，只能持续行动，从一件事情做起。当持续行动时，你必然要穿越不同的时间门槛：10 天、100 天、1000 天、10000 天……想做好任何一件事，都需要时间的积累。经常有人说，可以用一年时间获得别人十年的工作经验。但是实践起来，你就会知道一定有人早已按你这样的方式比你多做了十年，你应该向这些人看齐。

　　不过由于人性的缺陷，我们关于成长进步的认知未必都正确，难免会犯各种各样的错误。

　　在持续行动尚未开始时，我们总认为时间不够，总认为自己已经听懂了道理，总认为自己有能力同时做很多事情……越是新手，越容易在同一个地方反复摔倒。这也意味着，脱颖而出并没有我们想象的那么难。如果我们把大多数人犯的错误都进行预防或及时修正，同一个错误最多犯一次，那么蜕变就近在咫尺。

当我们把一件事情持续做了 100 天时，兴趣带来的新鲜感会消退，我们会遇到更多困难，也会对改变有更多期许。这个时候，很多人开始思考自己在心态、时间以及方法上的问题，并在坚定和迷茫的交织中前行。积极的思考是加速改变的开始，但看到进步的迹象也容易让我们变得急功近利。这个阶段，我们要做的就是梳理自己的想法，认清自己、认清现状，为下一阶段的飞跃打下基础。

如果我们能把一件事情持续做 1000 天，也就是大概 3 年的时间，我们会明显地感受到时间的力量。我们会看到自己在某个领域的能力显著提升，看到自己在人群中影响力的变化，看到周围的人对自己态度的变化。这些正向的变化会让我们感到愉悦。我们也会看到更加不同的世界，而这些也会对我们已有的价值观产生影响。怎么正确处理这些影响，是一项重要的课题。

假如我们能把一件事情持续做 10000 天，也就是大概 30 年的时间，我们在那时已经人到中年，既有可能活得处处都是压力，也有可能活得精神抖擞。具体活成什么样子，取决于我们是否处理好这个阶段的重要问题。我们要思考的是，什么样的价值观会影响我们的长远发展，怎样才能更好地复制自己的经验与认知，怎样才能防止自己误入歧途，等等。

在这本书里，我按照时间的数量级，以 10 为底数，1~4 为指数，探讨了从 10 天到 10000 天这四个阶段持续行动者可能面对的问题。我知道，当你真正把成长进步的过程划分为不同的阶段时，

这些思考也只是挂一漏万。但是我相信，建立时间维度的认知框架，能很好地指导我们行动和学习。沿着这个方向，我们便能形成一种自由的、可伸缩的认知视角。我们也可以对照这个框架，对自己的认知体系查缺补漏。

当我们可以同时用显微镜、放大镜和望远镜来看问题时，就能看到不同的风景。

刻意学习，认知升级

持续行动从来不是指低头蛮干。在做一件事情的过程中，我们的认知会不断变化。在持续行动的过程中，刻意学习、升级认知，是不可缺少的过程。

把一件事情坚持做 10 天，其实并不需要什么技巧，光靠决心和冲劲就能完成。但是，如果我们没有持续行动 100 天的认知和视野，那么在 10 天以后，我们就又会回到原来的状态。很多人一直没有真正发生改变，就是因为他们的认知格局仅停留在 10 天量级的高度，没有提升到 100 天量级的高度。

做到 100 天以后呢？很多人又会因为自满停下脚步。100 天，相对 10 天而言是很长的，但是相对我们的整个人生，又是短暂的。这个时候，我们要及时地把认知提升到持续行动 1000 天的高度。

1000 天大约是 3 年的时间，3 年足以让一个人发生明显的变化，也足以让一种变化足够稳定。3 年形成的习惯一方面会成就我们，另一方面也会变成新边界限制我们。这个时候，我们就要借助更大的视野，即把时间长度拉长到 10000 天，大约是 30 年。

时间长度不一样，我们关注的问题也不一样。如果是 10 天、100 天、1000 天，那么我们仅仅思考个人问题就可以了。借助改善态度、技能、方法等，我们通过个人的努力，可以解决大部分问题。如果我们继续把时间范围扩大，到了 10000 天，那么我们面对的就不仅仅是自己的问题，还有我们与周围的环境、周围的人，甚至与社会和国家的关系。这个时候，我们需要拥有新的认知，个人胸怀和人生格局需要进一步升级。

如果我们再把时间继续拉长到 10 万天（约 300 年）、100 万天（约 3000 年），那么我们的认知就需要再升级。要理解 300 年、3000 年数量级的问题，我们需要具有地理、历史、社会、人文等全方位认知视角，需要把世界装入我们的心中。如果可以把时间继续放大到 3 万年、30 万年、300 万年，那么考古学、人类学、天文学的知识就是理解世界的必备工具。

你有没有注意到，当你沿着时间的维度不断升级认知的时候，其实是用自己的大脑打通了不同学科和领域的认知壁垒。以前也许觉得历史知识和你无关，但是，当你从一件事情开始持续行动，并且向时空远处推导的时候，就会发现，历史就在那里等着你。而且你会感慨，幸好前人已经做了许多工作，否则我们就不能追寻他们的足迹采撷历史成果了。

　　其实很多领域的知识对我们来说很有用，只不过我们还没有找到一种恰当的方式与之建立联系，形成共振，而持续行动就是打破这种僵局的有效方式。我们在持续行动时，会发现自己需要更多领域的认知，不同领域的认知相互交融，才能更好地理解世界。每个层级都有自己特定的知识结构，如果我们可以把不同层级的知识对应起来，最终融合在一起，那么我们就能获得全面完整的认知体系，更好地理解更真实的世界（如图 5-1 所示）。

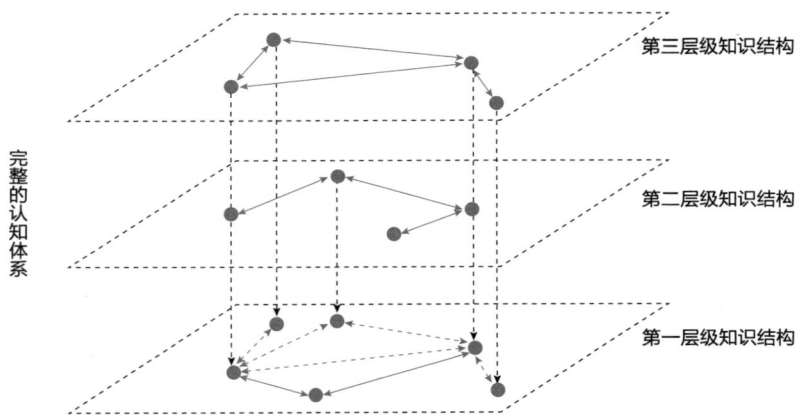

图 5-1　不同层级的知识结构和完整的认知体系

　　持续行动是让我们获得具身认知^①的重要方式。我们认真地做一件事，持续地做下去，便能训练自己的身体与感官，更好地适应周围的环境。刻意学习让我们充分消化与吸收这些认知，从而

---

① 　具身认知指的是我们通过感知、体验或行动获得的理解和能力，它能使我们本能地知道该如何做出反应。——编者注

形成经验，完成认知升级。只有将持续行动和刻意学习组合使用，让自己的认知不断升级，才能实现人生逆袭。

认知升级就像枯木发芽，新认知必须自己在头脑里形成，而不是由别人灌输进去。你把种子买回去，需要对其精心培育、施肥浇水，提供充足的水分、空气、阳光和其他必要的条件帮助种子发芽，但这些措施都不能代劳种子完成发芽的过程。

认知升级不是颠覆你原有的一切想法，更不是反对你所有的信念。认知升级是把问题放在更多维的角度下来检验，对于那些正确的认知，我们要强化；对于那些不符合实际的认知，我们要修正。

持续地检验自己的认知，强化正确的，修正不符合实际的，才是成长进步的真正含义。

解决问题，先升维再降维

我们大多数人的日常生活是在局部环境中做着重复又单调的事情，往往不容易看到更大的图景。于是，我们特别容易被一些小事情、小情绪、小欲望干扰。

如果我们想解决这些问题，那么最持久有效的方法就是在内心中生长出大格局、大尺度，然后回到生活中，重新认识原有的问题。经过认知升维后，我们再降维到原来的问题，便会产生完全不一样的理解以及不同的感受。这个时候，解决的方法就会涌现出来，让我们醍醐灌顶。

在这本书里，我带着大家完成了一次认知升级之旅——从零基础开始，走入持续行动的世界，感受持续行动的力量；之后我们完成 10 天、1000 天、1000 天的旅程，并且展望 10000 天的图景。

我在通过自己的思考、行动和语言建立对世界的理解，而这些理解是在我的脑海中生根发芽、茁壮生长的。如果你能跟着我的思路一直走下来，再回头看自己的成长问题，那么你一定能体验到"先升维再降维"的感受。

持续的难度在哪里

在大多数人的眼中，持续无非就是坚持，坚持就是每天做。坚持做，自然会做出成果。

从小到大，家长一直给我们灌输"持之以恒"的观点，但是我们又没有机会真正体会持之以恒的力量，只能被动地记住。不是从自己的大脑里生长出的想法，往往不会有那么大的影响。这就像是，我们没有游历过祖国的大好河山，就无法真切地感受"地大物博、幅员辽阔"。

但是，在我看来，所谓的坚持，只不过是"持续"所有的含义中最平凡的一种而已。持续其实和时间有关，持续的本质就是某种状态随着时间的推移而保持稳定。而持续力的含义就是保持这种"持续"的状态的能力。

持续的难度体现在两个方面：一方面是状态持续，就是你能持续保持一种怎样的状态；另一方面是时间持续，就是你能保持某个状态多长时间。

保持"状态持续"有多难

保持什么样的状态，说明我们处于什么样的情境中，这里所说的"状态"包括我们的注意力、心态、情绪、身体状况等。现在大家花很多时间看手机，很容易进入分心的状态，而在学习或工作时进入全神贯注的状态就异常困难，进入良好的状态之后再继续保持这种状态，难上加难。按照从易到难的顺序，我把状态难度总结成以下几种情况。

状态难度 1：每天做一件事情，一直做下去（数量稳定）。

举例：每天背 10 个单词，每天早上跑步 5 公里，每天读 1 小时书，公司每天收入 10 万元……

分析：数量稳定的状态就是持续地做这件事情，每天都有这个行动，一直保持，不中断。我们大多数人理解的"坚持"的状态，就是这个难度。

状态难度 2：每天做一件事，且保持稳定增长（增量稳定）。

举例：每天比前一天多背 5 个单词，每天比前一天多跑 0.5 公里，公众号粉丝人数每天增长 100 个，公司每天收入都在前一天的基础上增加 1 万元……

分析：这里是"增长"的状态要保持稳定，即每天都要比前一天有所增加，而且这个增加值要保持稳定。

状态难度 3：每天做一件事情，且增长的势头保持稳定（增速稳定）。

举例：第一天背 10 个单词，第二天比第一天多背 5 个，那就是 15 个。如果第三天背 20 个，这就属于增量不变，还是增加了 5 个，这是"状态难度 2"级别；如果第三天背 21 个，即第三天比第二天多背 6 个，增量 6 比上一个增量 5 多 1，那么就是增量在增长，增速保持稳定。

分析：在"状态难度 2"中，每天比前一天有所增长，但是增加的数量不变。如果要求更高一些，让增加的数量也同步保持增长，那增长速度就会更快。

状态难度 4：每天做一件事，且增量与前一天总量保持比例稳定（复利稳定）。

举例：第一天背 10 个单词，第二天比第一天多背 10%，即 $10 \times (1+10\%)=11$，第三天比第二天多背 10%，即 $10 \times (1+10\%)^2 \approx 12$。每一天都比前一天多 10%，"比前一天多 10%"这个状态一直保持稳定。

分析：这个就是很多人口中说的"指数级增长"，也被称作复利增长。指数级增长的增速就是指数，也就是说，这是一种增量越来越大、增速越来越快的增长状态。指数增长的特点就是随着时间的推移而出现爆炸级增长。

难度无止境。不管我们曾处于哪种难度，总会有更大的挑战。每天做一件事情已经很不容易了，保持每天增长又比每天做一件事更难。保持每天增长已经很不容易了，每天增长得更多更快，又是新的挑战。

选择决定方向。我们对自己提出不同难度的要求，从而走上不同的道路，最终通往不同的方向。等到我们发现方向不对的时候，不要忘记在最开始，是自己选择了这条道路。

生活中有很多"笨功夫"，在一开始时不起眼，但是如果你坚持下去，积累每一次迭代的质量，最后完全可以"秒杀"其他人。

"高难度"需要"大规模"支持。从个人成长的角度来看，最开始我们可能只是单枪匹马地行动，但是越往后走，难度越高，甚至会超越个人能力的范围。此时，我们需要团队协作，才能完成更高难度的挑战。一个人也许很难实现"状态难度4"的增速，但是开一家公司，召集一个团队，从而实现业绩的爆发增长，是完全可以做到的。

从以上各个难度级别的对比可以看到，大多数人所经历的"持续开始—持续放弃"的循环怪圈，其实是级别最低的一个难度。创业者必须跨越第二级难度，或者在第三级难度的状态下功夫。公司只有靠业绩增长、增速变快，才能赢过竞争对手。对于一些已经上市的公司来说，如果增速放缓，即使收入在上涨，也会影响股价，打击投资人的信心。而增速放缓的意思就是，在第三级难度的状态没有保持稳定。

经过这番梳理，如果你仍然深处于"持续开始—持续放弃"的循环怪圈，那么说明你只是在最简单的难度级别上挣扎。当你打开眼界，在脑海里形成对于世界的理解与感触，你会发现山外有山。劝君早日出此山，应对更大的挑战，不要在小山沟里流连忘返。

当你真正能从内心明白，更大的难度在前方，就不会认为自己现在的问题是大问题。当格局扩大、尺度扩大、认知提升时，我们就犹如学会了"从天而降"的如来神掌，所向披靡。

保持"时间持续"有多难

回到对持续的定义——某种状态随着时间的不断推移而保持稳定，即除了持续保持各种"状态"外，我们还必须考虑"时间的推移"。时间是单向流动的，我们只能跟随时间的河流一路向前，无法让时间倒流。

"时间持续"的难度，其实体现在长度上。但是，时间也有很多不同的单位，我们暂且以地球自转一圈，昼夜切换一次——"天"为基本单位讨论。不同的时间长度也意味着不同的难度。

时间难度 1：持续保持某种"状态"10 天（10^1 天）。

举例：连续 10 天早起，连续 10 天跑步，连续 10 天读书，等等。

分析：10 天比一周稍长一点儿，根据我做持续行动主题社群积累的数据，大多数人在"持续开始—持续放弃"的循环怪圈中，所经历的时间长度为一周左右。

时间难度 2：持续保持某种"状态"100 天（10^2 天）。

举例：连续 100 天早起，连续 100 天跑步，连续 100 天读书，等等。

分析：100 天就是 3 个月左右，当你持续把一件事情做 3 个月时，你会养成一个新习惯。

时间难度 3：持续保持某种"状态"1000 天（10^3 天）。

举例：连续 1000 天早起，连续 1000 天跑步，连续 1000 天读书，等等。

分析：1000 天是 3 年左右，如果连续 3 年专注于一个方向，那么你就可以在这个方向相关的行业里找到不错的工作。我个人通过连续 3 年坚持写作，出版了第一本书《刻意学习》，在业界也获得了一定的影响力。而这本书也帮助了很多人持续写作，他们也出版了自己的新书。

时间难度 4：持续保持某种"状态"10000 天（10^4 天）。

举例：10000 天即 30 年左右，如果你在 20 岁的时候进入某个行业，深耕 30 年，那么你或许会成为一名专家或者行业领军人物。2023 年增选的中国科学院院士，平均年龄 54.7 岁。如果一个人 20 多岁时参加工作，在某个领域深耕，而且又有一定的时运加持，那么他成为"院士级"业内资深人士的时候，应该正好与"时间难度 4"的时间量级相吻合。

分析：难度越高，能做到的人越少，在某个专业方向持续行动超过 30 年的人，基本已经属于社会精英或者国家栋梁了。

时间难度 5：持续保持某种"状态"100000 天（10^5 天）。

举例：300 年的跨度就是朝代政权持续时间的量级：唐朝历时 289 年，宋朝历时 319 年，明朝历时 276 年，清朝历时 268 年……大多是 300 年左右的量级。300 年往往也是家族兴替的周期，例如山西乔家大院。

分析：这个时间难度已经超出了一个人的寿命极限，变成了团体与组织要考虑的时间范围。

从这个时间难度分级可以看到，大多数情况下我们可能只是在"时间难度 1"和"时间难度 2"之间反复徘徊。在时间难度等级上，如果我们能上升一个级别，那么我们的生活状态、社会地位、取得的成就就能上一个台阶。

状态持续 × 时间持续 = 大格局大尺度

我们把"状态难度"与"时间难度"各自对应起来，可以组成一个宏大的认知框架。

首先，任意一个状态持续的时间长度都不同，难度也不一样。我们做到好好生活，算处于"状态难度 1"的事情，只要每天睁开眼睛、保持呼吸、心情舒畅就好。我们通常说的"长命百岁"，对应到"时间难度 4"，也是能够实现的。

对应"时间难度 5"的"状态难度"，就相当于"好好活着，活 300 年"，这件事情目前还没有一个人能做到。但是，把个体问题升级成团体问题，例如一个家族要在"时间持续"上保持 300 年的跨度，难度就不大了——目前，社会上的每一个人，上溯 300 年，基本上都可以找到自己的祖先。

我把"状态难度"与"时间难度"的不同等级对应起来，放到一张表格（见表 5-1）中，并在其中注明了一些案例情况。比如我把新闻热点传播归为"时间难度 1、状态难度 4"，因为一个新闻能够呈几何级数传播，但是持续时间在一周左右，之后便会从公众视野淡出。再比如社会思潮变迁，我将其归为"时间难度 4、状态难度 1"，因为断层式的思想改变一般需要一代人的时间。互联网巨头的崛起，我认为这种现象属于"状态难度 4、时间难度 3"，因为从平台创立到为大众所熟知大概需要 3 年的时间。

通过两个维度的分析，你可以尝试把生活中看到的任何现象填入表格中相应的位置。

表 5-1 "状态难度"与"时间难度"对应的案例

案例	时间难度 1（10 天）	时间难度 2（100 天）	时间难度 3（3 年）	时间难度 4（30 年）	时间难度 5（300 年）
状态难度 1（数量稳定）	起床	跑步瘦身	个人成长	社会思潮变迁	朝代持续
状态难度 2（增量稳定）	短期课程教学	在线训练营	职场发展	人口数量变化	成为长寿企业
状态难度 3（增速稳定）	营销裂变	比特币牛市	微信崛起	成为各行业领军人物	
状态难度 4（复利稳定）	新闻热点传播	胎儿发育	互联网公司崛起	中国经济增长	

其次，通过"状态难度"和"时间难度"的对应，我们建立了理解世界与描述世界的方式。在认知的世界中，最宝贵的其实是独立的想法，这些想法必须是从自己头脑中生长出来的，而不是来自外界的灌输。外界灌输的想法往往会给我们带来幻觉——我们以为自己懂了，但是无法将它们应用到生活中。

我们通过上述分析，梳理出了状态和时间的概念，构建了一个认知框架。这样一来，我们就在心中创建了一张架构图。在架构图中，我们有明确的概念，知道某个事件应该处于什么位置，应该花多少精力去处理。这是一种知识管理的方式，就像自己种植的庄稼一样，打造属于我们自己的资产，终身受益。

最后，在自己创建的架构图中，发现知识盲点。"状态难度"和"时间难度"这两个维度交织起来，就像一个筛子，我们可以通过这个结构筛出自己的知识盲点。

以我为例，我在个人成长和持续行动领域积累了大量的经验。大多数关于个人如何取得进步，如何突破的话题，我都有所涉猎，而这些知识其实主要集中在"时间难度3"和"状态难度2"的范围之内。从综合难度来看，如果不刻意学习，就待在舒适区之内，我也可以生活得很好。

但是，一旦我建立了大尺度、大格局的知识体系，就会发现我只是蜷缩在精神世界的一个小小角落，还有很大的空间没有涉足。于是我自然会想到，要继续努力，把其他不太了解的区域也学习一番。在《持续行动》第一版上市后，我在后续五年的时间里，又带领社群成员，阅读了历史学、教育学、管理学等多个领域的图书，填补了更多领域的知识空白。

当我不断把新领域的知识加到我原有的知识体系当中，形成关联，就能让原有知识形成复利稳定增长（"状态难度4"的增长），并且持续做下去，达到"时间难度4"。经过30年的积累，我未来的成长空间将无法估量，我想这才是终身学习者的使命所在。有了这样大尺度、大格局的认知框架，你会发现你的每一次努力都有意义。

读到这里，你也可以尝试梳理一下你的知识体系，看看自己的知识都分布在哪个区域。如果你梳理完之后，发现自己所知甚少，那说明你需要开始自己的认知升级之旅。

持续行动很难吗？我们能生活在这个时代，就说明我们的祖先已经经受了千百万年持续行动的考验。我们每个人都有"持续行动"的基因，都有"刻意学习"的潜能，都有"人生逆袭"的可能。我们要做的就是不断让新认知在头脑中自然生长，内化成我们自身的一部分，成为我们的认知武装，这样才会拥有更好的人生。

感谢在持续行动的道路上遇见你，我们未来再会！